中国原真地理特征区划与形成机制

宋春桥 等 著

科学出版社

北京

内 容 简 介

本书以国家生态文明建设应遵循的地理特征与景观原真性为切入点，系统阐述了中国原真地理特征的概念内涵与分类体系。在此基础上，提出了中国原真地理特征的抽样调查方法与数据库建设方案，深入分析了原真地理特征的时空演变规律，并研制了中国原真地理特征的区划方案，进一步解析了不同区域原真地理特征的形成机制。本书的研究成果不仅丰富了"美丽中国"生态文明建设的理论内涵，还为中国及不同区域在生态文明建设中的问题诊断、地理图景设计等提供了重要的本底规律和科学依据。本书通过系统剖析中国原真地理特征的概念模型、测度方法、区划方案、形成机制以及典型案例，为中国在不同地理单元、不同时空尺度下开展"美丽中国"生态文明建设的评估与应用实践提供了坚实的理论基础、本底规律和关键方法支撑。

本书可作为自然资源与生态环境保护领域各级政府部门制定政策、优化资源配置的参考，为行业机构人员开展空间区划项目、提供决策建议提供支撑，也适用于地理学、生态学、环境科学等领域研究人员拓展视野、深化跨学科研究，以及高校相关专业师生丰富教学内容、提升实践与科研能力，为空间区划单元划分和生态环境保护决策提供科学依据。

审图号：GS 京（2025）0994 号

图书在版编目（CIP）数据

中国原真地理特征区划与形成机制 / 宋春桥等著. --北京：科学出版社，2025.7. -- ISBN 978-7-03-080850-9

Ⅰ . P942

中国国家版本馆 CIP 数据核字第 20241X3F28 号

责任编辑：王腾飞　沈　旭　李嘉佳 / 责任校对：郝璐璐
责任印制：张　伟 / 封面设计：许　瑞

科学出版社 出版

北京东黄城根北街 16 号
邮政编码：100717
http://www.sciencep.com

北京汇瑞嘉合文化发展有限公司印刷
科学出版社发行　各地新华书店经销

*

2025 年 7 月第　一　版　　开本：720×1000　1/16
2025 年 7 月第　一　次印刷　　印张：11 1/2
字数：230 000

定价：198.00 元
（如有印装质量问题，我社负责调换）

前　　言

　　原真地理特征是基于地理位置以及特定历史条件下产生的，并在一定空间上具有真实性、纯粹性以及原生态等特点，同时反映地表系统与人类文化活动相互作用形成的地理现象的全部组成要素。高原真性的地理特征是我国生态文明建设需要参照、保护的对象。本书将丰富美丽中国生态文明建设的理论内涵，为中国及不同区域开展生态文明建设的问题诊断、地理图景设计等提供本底规律和科学参考。

　　全书共分为八章，主要内容如下。

　　第1章：绪论。介绍本书的研究背景和意义，综述国内外相关领域在原真性的概念内涵和原真性理念的实践应用等方面取得的进展及存在问题，以帮助读者更好地理解全书研究背景、动机目的和组织脉络。

　　第2章：中国地理特征总体格局。从地形地貌、气候、水文、土壤、生态等维度介绍中国关键地理要素的整体格局，分析影响生态文明建设的突出限制性因素，为开展原真地理特征研究梳理地学知识基础。

　　第3章：中国生态文明建设原真地理特征概念内涵。阐释原真地理特征的基本概念，提出原真地理特征表征基本单元的概念、划分思路与技术流程，构建面向原真地理特征分析的基本单元分级分类与编码体系。

　　第4章：中国原真地理特征分析的数据基础与方法体系。系统介绍开展原真地理特征分析的方法体系和数据源，针对原真地理特征野外调查的实际需求，提出中国原真地理特征抽样调查与数据库建设方案。

　　第5章：中国原真地理特征时空演变格局。开展中国原真地理特征区识别与演变格局分析，揭示原真地理特征关键指标的时空演变规律，并探讨党的十八大以来中国原真地理特征的总体演变态势。

　　第6章：中国原真地理特征区划。以原真地理特征时空演变分析为基础，发展中国原真地理特征区划的方法体系，研制中国原真地理特征的两级区划方案，并进一步在省级尺度开展原真地理特征精细化区划的案例研究。

　　第7章：中国原真地理特征的形成机制。以中国原真地理特征区划方案为基础，剖析不同区划单元的自然本底条件及孕育其原真地理特征等级的关键因素，探讨不同区划单元原真地理特征保护所面临的突出问题。

第 8 章：原真地理特征保护实践案例与对策建议。以河流岸线保护为典型案例，剖析如何在生态文明建设中践行原真性理念，进一步提出中国原真地理特征保护的对策建议。

本书的完稿需要特别感谢中国科学院"美丽中国生态文明建设科技工程"专项首席科学家葛全胜研究员、专项总体组专家刘纪远研究员、陆锋研究员，以及国家林业和草原局唐芳林副局长、原国务院三峡工程建设委员会办公室水库管理司周维研究员、中国科学院成都山地灾害与环境研究所邓伟研究员、河海大学杨桂山教授、首都师范大学宫辉力教授、清华大学党安荣教授、北京大学刘瑜教授、中国科学院科技战略咨询研究院赵作权研究员、贵州大学朱立军研究员的指导、支持和帮助。感谢中国科学院地理科学与资源研究所刘闯研究员、王绍强研究员、张文忠研究员、杨林生研究员、袁文副研究员、陈鹏飞副研究员、朱华忠副研究员、王曙博士、中国科学院东北地理与农业生态研究所张树文研究员等深度参与本书研究成果的研讨、论证和撰写等各个环节。感谢中国科学院南京地理与湖泊研究所陈探博士、曾繁轩博士、罗双晓博士、詹鹏飞博士以及研究生朱静颖、吴倩洺、范晨雨、蔺亚玲、宋利娟、张大鹏、李林森、刘沭岍、苑春雨、刘巧妙、徐鹏举、廖一彪、张蒙、宋静威、邓心远等的共同努力。最后，也特别感谢科学出版社的多位编辑的指导和努力付出。

本书编写和出版得到中国科学院战略性先导科技专项（A 类）项目十课题一（XDA23100100）、国家自然科学基金面上项目（42371399）、国家重点研发计划项目（2018YFD0900804、2022YFF0711603）、中国科学院南京地理与湖泊研究所"十四五"科技创新规划（2021-2025）自主部署项目"湖泊流域水资源与全球变化"（2022NIGLAS-CJH04）等项目的资助，也得到了中国科学院南京地理与湖泊研究所湖泊与流域水安全全国重点实验室、中国科学院地理科学与资源研究所资源与环境信息系统国家重点实验室和江苏省地理学会等的大力支持。

本书系统剖析了原真地理特征的概念模型、度量方法、区划方案、形成机制以及典型案例，旨在为我国在不同时空尺度下推进"美丽中国"生态文明建设的评估与实践提供坚实的科学支撑。本书内容兼具理论深度与实践价值，可供自然资源和生态环境保护领域的各级政府管理部门工作人员，从事地理学、生态学、环境科学等相关专业研究的人员，以及各高等院校相关专业的师生参考借鉴。由于著者水平有限，加之时间紧迫，书中不足之处在所难免，敬请读者指正。

作 者

2024 年 7 月

目　　录

第1章 绪 论

1.1 原真性与原真地理

原真性的概念最初起源于哲学领域，并逐步在旅游科学、文化和遗产保护等领域得到推广。近年来，原真性概念在自然生态系统保护中得到广泛重视，原真性已成为生态文明建设的基本准则和重要评价指标。例如，2015年印发的《中共中央 国务院关于加快推进生态文明建设的意见》中就专门提及要"对禁止开发的重点生态功能区，重点评价其自然文化资源的原真性、完整性"。习近平总书记近年来在多次公开讲话中提及原真性，如2016年1月，在主持召开中央财经领导小组第十二次会议时强调："要着力建设国家公园，保护自然生态系统的原真性和完整性，给子孙后代留下一些自然遗产。"2021年4月在广西考察时强调："把保持山水生态的原真性和完整性作为一项重要工作。"2022年11月在《湿地公约》缔约方大会开幕式上强调："要推进湿地保护全球进程，加强原真性和完整性保护，把更多重要湿地纳入自然保护地。"

在原真性的理念得到广泛认可的同时，我们需要进一步从地理学视角明确，在国家尺度上究竟哪些地理对象具有原真性？具有原真性的地理特征在空间上具有什么样的分布格局？2019年，中国科学院启动了A类战略性先导科技专项"美丽中国生态文明建设科技工程"，专项将贯彻落实党的十九大关于美丽中国的战略部署，为建设美丽中国提供蓝图与实施途径。专项在项目十"生态文明建设地理图景技术与应用示范"中专门设置"生态文明建设原真地理特征与区划"课题，重点研究原真地理特征和生态文明模式的时空格局，为美丽中国建设提供本底规律信息。该研究所提出的原真地理特征是指：受人类活动干扰少，保持自然特征和自然演替状态，保存较为完整的地理特征。在美丽中国建设的时代背景下，原真地理特征是地理学者对"美丽中国"中美的高度抽象和凝练，是生态文明建设中应该予以优先考虑、积极保护、合理利用的地理要素。

在理论层面上，原真地理特征是基于空间位置以及特定历史条件下产生的，并在一定空间上具有真实性、纯粹性以及原生态等特点，同时反映人类文化活动与地表系统相互作用形成的地理现象的全部组成要素。对原真地理特征的直接探讨，现有文献还较少涉及，但对具有原真性的地理要素的空间分异特征研究已有较多开展。地理学中的空间分异特征即区域差异性，可理解为地理要素随空间变化所呈现出来的不均匀性和不一致性。区域特征是地理学研究的核心问题之一，美国地理学家哈特向和德国地理学家赫特纳是地理学区域学派的代表。中国学者非常重视区域差异性研究，其主要原因在于中国疆域广阔，地理环境差异性极大，这为区域差异性的研究创造了基本条件；同时中国的区域开发、战略规划、环境治理等宏观政策的制定也为不同地理要素的区域差异性研究提供了内在动力。对地理要素的区域差异性研究，早期主要依赖于对区域特征的简单描述，而随着计量地理学的发展以及计算机科学的运用，综合运用多种定量指标和地理模型可实现对不同地理要素在不同尺度上空间分异规律的刻画与解释。

从形成机制角度分析，原真地理特征更多反映的是一种不易被改变的自然禀赋，具有独特性与客观性。原真地理特征的形成机制的探究，需要根据区域的不同解析其构成要素，而不同地理要素的形成机制又依赖于不同的理论支撑。事实上对不同地理要素，如地质、地貌、气候、水文、植被等时空特征的形成机制均已有较多研究。以黄土高原地区为例，千沟万壑的地貌景观是其独特的地理特征，而这种地貌景观的形成机制可借助于地貌发育中的戴维斯侵蚀旋回理论予以解释，即将地形理解为构造、营力和时间的函数。具体而言，黄土地貌的形成一方面受构造运动所形成的古地貌控制，另一方面也受流水侵蚀、重力侵蚀等内外营力的影响，此外不同历史时期受气候干湿交替，黄土堆积和黄土侵蚀轮流主导地貌发育过程，从而最终形成了现今的整体地貌格局。除了自然地理条件影响，原真地理特征的孕育过程也深刻地受到人类活动和经济社会发展理念的影响。例如，黄土高原地区从早期的坡地耕作到如今的退耕还林还草，水土流失得到遏制，土地资源得到保护，人民群众进一步保护水土生态环境的意识得到加强，现有合理的生态文明模式从而得到更好的推广。此外，古村落的保护也属于被重点关注对象。从人居环境角度出发，传统民俗村落可视为原真地理特征的重要样板。作为人类社会文明的重要结晶，传统民俗村落是世界历史文化遗产保护体系的重要组成部分。例如，江南的水乡古镇、安徽的徽州古村落、贵州的苗寨侗寨等，这些人居景观的形成一方面受到了当地自然条件的约束，另一方面这些景观能够长期存留则体现了其与原真地理特征间的高度适配。众多学者围绕古村落的景观基因、空间特征、文化内涵等开展了系列研究，有效提升了对经典的生态文明模式的认知、保护与推广。综上而言，开展原真地理特征形成机制的研究，需要参考已有对单一地理要素形成机制分析的结果，同时解析不同要素在构建原真地理特征时的重要性程度与作用方式。

从演变规律角度分析，对原真地理特征的研究目前还停留在部分地理要素或部分地理对象层面，缺乏针对原真地理特征的定量表达方法和对其时空格局的系统评价。从地理学的视角和研究范式出发，开展原真地理特征区划无疑是最具直接性、综合性与实践价值的研究目标。地理区划是在时空规律和驱动机制分析基础上,对地理要素或现象进一步的抽象认知,是认识地理特征和发现地理特征的一种科学方法。虽然当前还未见报道开展面向原真地理特征的地理区划研究,但针对不同地理要素的区划研究已有较多成果,其中代表性工作有黄秉维(1958)、任美锷和相韧章(1963)等开展的综合自然区划,朱显谟(1958)、景可(1985)等开展的黄土高原侵蚀区划,傅伯杰等(2001)开展的生态区划,周成虎等(2009)开展的地貌区划等。这些研究成果反映了中国地理学者对中国自然地理环境及地域分异的认知水平和深度。事实上,区划本身只是一个过程、一种手段,并不是最终目的,是为了帮助人们进一步提高对区域自然环境现状的认知与理解,在符合自然客观规律的基础上加强对区域的综合治理和全面开发,从而实现区域的可持续发展。因此,在面向原真地理特征区划方法研究中,一方面需要借鉴现有经典的地理区划方法,另一方面也需要加强区划方案的具体应用与综合管理,增加对动态区划的研究,以更好地服务于"美丽中国"的建设目标。

综上所述,中国幅员辽阔、地形地貌复杂多样、气候条件差异显著,造就了不同的自然地理环境与人文社会环境,因此不同区域所面临的资源、生态、环境、能源等方面的问题具有显著的区域差异性特征。通过对中国典型地理单元的抽象解析不难发现,原真地理特征就是"美丽中国"美的基础和美的源泉,是生态文明建设中应该重点保护、积极传承和合理利用的重要对象。本书在中国原真地理特征数据库建设的基础之上,按照"时空规律分析—作用机制探索—模式区划提炼"的研究思路,系统地分析中国原真地理特征空间分异和时间演替规律,研究原真地理特征人地相互作用关系,揭示区域原真地理特征的形成机制。本书将为不同区域、不同尺度下开展生态文明建设评估与应用实践提供地理环境认知基础,为"美丽中国"生态文明建设提供原真地理特征对标模式。

1.2　原真性与原真地理研究进展

1.2.1　原真性的概念提出与内涵发展

"原真性"由"authenticity"翻译而来,英文本义是表示真的、而非假的,原本的、而非复制的,忠实的、而非虚伪的,神圣的、而非亵渎的含义(刘爱河,2009;张朝枝等,2008)。原真性是一个动态、多元和复杂的问题,"原真性"一词中的"原"与原初的这层含义相对应,"真"就与真实的、可信的这两层含义相对应,因此完整地表达了这三层含义。目前,世界上对原真性的理解存在两种立场:一种更多关注遗产的商业价值,给文物古建及历史风貌造成伤害;另一种强调保护,以遗产原真性的绝对重要性作为核心,对遗产资源进行文物式保护,忽略了对现代生活的追求，这也带来了一些弊端（肖汉江和雷莹，2012；杨新海等，2011）。当然，东西方由于历史背景、发展状况的不同，对原真性的理解也有所不同，东方对原真性的认识看重的是无形的价值，而西方则看重有形的历史物质特征。不过它们存在一条共识，即关注历史文化遗产的"原真性价值、文化情感价值和功用价值"，这是一条具有普遍适用性价值的核心原则。

原真性很难用精确的语言进行定义，也没有包含程度、形式、范围等的统一的评判标准。学者们多以国际宪章和相关文献为基础，结合研究对象阐释原真性的内容，导致原真性的定义呈现多角度、多意义的趋势。与此现象相关的原真性研究总共分为三个方向：原真性评判标准的统一性、原真性的适用范围，以及对原真性的存在意义的相关讨论。

中国学界目前普遍认为原真性没有统一的衡量标准。吴兴帜（2016）认为无论是物质遗产还是非物质遗产的原真性都不存在统一的衡量标准，并从文化遗产的基本属性出发，提出完整的文化体系和原生性主体可以作为衡量原真性的标准之一。杨正文（2014）指出文化遗产保护的目标是让多元文化得到均衡的发展权利，这就要求不能用单一的标准来衡量不同遗产的原真性。竺剡瑶等（2012）也认为文化遗产的原真性不存在统一的固定标准，因原真性是遗产和其文化内涵的契合度的表征之一，会随着价值判断的标准而不断改变。

原真性的适用范围的讨论，也随着社会的快速转型而转变，呈现向非物质文化遗产领域发展的趋势。杨小青（2021）认为在保护物质文化遗产的原真性的同时，应当注重保护物质背后的非物质层面的精神和文化等的原真性。张泉（2021）基于中国目前各项工作均以人为本的大背景，提出原真性不应只局限于建筑的保护，应扩展至历史街区风貌、建筑营造工艺以及非物质的历史文化传统日常生活的更新与保护。马云晋（2019）也指出要注重保护历史街区中特色手工艺、民风民俗等非物质文化遗产的原真性。张成渝（2012）则总结性地提出，对原真性的讨论应由物质层面向非物质层面转换，同时要特别注意活态的非物质遗产，应针对性地提出演进中的原真性。

由于原真性具有评判标准多样、适用范围易变的特性，诸多学者对原真性提出了质疑与批判，认为保护文化遗产的原真性是毫无意义的，甚至会阻碍遗产的保护和发展。首先，原真性在文化遗产保护中的意义受到质疑。孙静（2021）从人文区位视角出发，提出遗产是动态和思辨的观点，而原真性强调的修旧如旧理念与此相悖，故应更多地关注富有历史感的人文区位学，并跳出仅强调物的原真性的框架。肖佳琦（2021）也认为刻板维持原状的原真性，在一定程度上已成为历史建筑修复的桎梏，建筑的修复应当对原真性进行一定的取舍。其次，对原真性在实践中的操作性的批判。缪璇和杨雪松（2017）基于对原真性理论下实际案例的分析指出，原真性理论在不同地域和不同文化下具有不同特征，不加区别地使用导致原真性可操作度往往和实践不匹配。此外，对原真性的研究内容存有质疑。刘晓春（2013）指出，在有关原真性的相关研究逐步从本质论向建构论发展的时代大背景下，中国的原真性研究应跨越出仅探究文化遗产的物质表象的学术范式，更多地关注遗产的发展过程和历史内涵，从而构建原真的文化遗产。

迄今为止，国内外对原真性概念的理解以及实践发展仍然存在差异，关于它的定义和内涵的完善仍然在不断地进行。

1) 国外发展状况

19 世纪初的英国社会兴起了"哥特复兴"的运动，修复了大量的历史建筑，并兴建了许多哥特式建筑，之后这个运动又从英国扩展到欧洲各国。"哥特复兴"带有较强的建筑师主观意志，因而遭到了社会的广泛批评。19 世纪上半叶，欧洲文物保护工作的中心转移到了法国，法国的维奥莱-勒-迪克（Viollet-le-Duc）主张文物建筑的原真性在于原有建筑风格的完整保留和统一，修复的过程就是恢复建筑的完整性，随着对中世纪时期历史和考古知识的深入了解，建筑师更加相信自己的能力，在修复过程中添加一些其认为必要的部分，将历史建筑修复到其理想的形式，这种被称为"风格化修复"的方式当时风靡了几乎欧洲所有的国家。巴黎圣母院就采用了"风格化修复"的方式，在它的大厅上建造了本来没有而建筑师认为该有的尖塔。在 19 世纪中期前后，以英国艺术评论家约翰·拉斯金（John Ruskin，1819～1900 年）和工艺设计家威廉·莫里斯（William Morris，1834～1896 年）为代表的英国派兴起了"反修复"运动，他们认为要原封不动地保存文物建筑，用加固或日常维修等保守方式代替大规模的修复。文物建筑的原真性在于它所携带的全部历经沧桑的痕迹。但是这种保护理念过于静止地看待文物建筑，在实践中显得不切实际，而走向了文物建筑保护的另一个极端。

19 世纪后半叶至 20 世纪初，在英、法等国理论的基础上，又有意大利学派兴起，将文物保护和修复工作提升到一个新的高度。其代表人物包括博伊托（Boito）和贝尔特拉米（Beltrami）。他们强调文物建筑具有各方面的价值，强调保护文物建筑的现状。20 世纪以后，意大利学派的思想更加成熟，意大利学派的许多观点，如对文物建筑进行全面的保护，尊重文物建筑的所有历史信息，强调调查研究，反对修复工作中的主观臆测，只对文物古迹进行确有必要的加固和修缮，等等，都对世界文化遗产保护影响深远。其中许多观点都体现了原真性原则，后来这些观点得到了世界各国的肯定。

20 世纪上半叶开始，人们逐步认识到保护文化遗产不仅是每个国家的重要职责，也是整个国际社会的共同义务。在联合国教育、科学及文化组织的倡导下，先后成立了国际文物工作者理事会、国际文化财产保护与修复研究中心等国际组织，并制定了一系列的规章条约。1964 年通过的《威尼斯宪章》，是 20 世纪国际遗产保护运动的第一个重要的里程碑，奠定了原真性对于文化遗产保护的地位。其提出"将文化遗产真实地、完整地传下去是我们的责任"，虽然并未对原真性做进一步阐释和定义，但其本身就是对原真性最好的诠释，此后，原真性便成为检验世界文化遗产的一条重要原则。《威尼斯宪章》主要强调的是对物质遗产的保护，注重文化遗产的历史价值和艺术价值，虽然提出了对周边一定规模的环境进行保护，但其保护方式从本质上来说仍属于博物馆式的静态保存方式。

直到1994年，出现了一个有关原真性最重要的文件，即在日本奈良通过的与世界遗产公约相关的《奈良真实性文件》，文件中首先肯定了原真性是定义、评估和监控文化遗产的一项基本因素，但又同时突破性地指出："原真性本身不是遗产的价值，而对文化遗产价值的理解取决于有关信息来源是否真实有效。由于世界文化和文化遗产的多样性，将文化遗产价值和原真性的评价置于固定的标准之中是不可能的"。《奈良真实性文件》是站在东方建筑文化立场重新审视木结构建筑的"原真性"法则，它指出应将文化遗产与其所在的文化背景作为整体进行认识，将遗产看作反映整体文化的信息载体，注重文化价值的保护和体现。一方面，《奈良真实性文件》将原真性的概念扩展至文化多样性的保存，从某种程度上统一了物质遗产与非物质遗产的保护，但从另一方面来说，这也导致了原真性的评判标准具有更大的不确定性。在后续的实践过程中，未能有效建立原真性的评价体系，这也是原真性在运用过程中容易产生问题的原因。

此外，从1992～1994年世界遗产委员会的三次全体会议上，围绕《实施〈世界遗产公约〉操作指南》中原真性检验条款，对文化遗产的原真性问题进行了详尽的讨论。而1996年3月的《圣安东尼奥宣言》则是对文化遗产原真性的本质、概念、指标和管理进行了直接的讨论。虽然是在美洲文化背景下产生的，但其中论述的许多内容具有普遍性的意义，能够对遗产保护中的原真性进行清楚的认识，是对《奈良真实性文件》的进一步深化和补充，并且被国际古迹遗址理事会（ICOMOS）推荐。目前，由世界遗产大会通过的《实施〈世界遗产公约〉操作指南》中明确规定："只有同时具有完整性和/或真实性的特征，且有恰当的保护和管理机制确保遗产得到保护，遗产才能被视为具有突出的普遍价值"。由于登录世界遗产名录已成为世界各国文化发展的一件大事，原真性的概念和应用就有必要在世界范围内达成理解和共识。

2）国内发展状况

在中国，原真性与真实性、确实性、可靠性等具有相似意义。虽然没有明确提出"原真性"一词，但原真性的观念其实在中国早已有之。早在20世纪30年代，中国文物建筑保护先驱梁思成就在《修理故宫景山万寿亭计划》中指出，保护文物建筑"是使它延年益寿""修旧如旧"。同济大学国家历史文化名城研究

中心阮仪三教授也认为对现存的历史遗存包括古建筑、古构筑物的保护的正确
理念，是要使它所拥有的信息完整地得到保护，整治要坚持"整旧如故，以存
其真"的原则。这些表述都与原真性原则的内涵不谋而合，可见中国的有识之
士在多年前就对原真性原则已有深刻的认识（阮仪三和林林，2003；阮仪三和
孙萌，2001）。

　　1950 年 7 月发布的《中央人民政府政务院关于保护古文物建筑的指示》提出
"不得不暂时利用者，应尽量保持旧观"；1961 年 3 月，国务院颁布的《文物保
护管理暂行条例》第十一条也提出"在进行修缮、保养的时候，必须严格遵守恢
复原状或者保存现状的原则，在保护范围内不得进行其他的建设工程"。1982 年
通过的《中华人民共和国文物保护法》作为中华人民共和国成立以来的第一部关
于文物保护的法律，对以前的相关文件进行总结，对于文化遗产的保护具有划时
代的意义，它的第十四条明确提出"核定为文物保护单位的革命遗址、纪念建筑
物、古墓葬、古建筑、石窟寺、石刻等（包括建筑物的附属物），在进行修缮、
保养、迁移的时候，必须遵守不改变文物原状的原则"。权威部门和权威人士曾
明确指出，文物保护法所提之"原状"是指该建筑初建时的状况，是健康的状况，
而不是残破的状况，是未经后人拆改过的状况，而不是被拆改后面目全非的状况。
2002 年 10 月修订后的《中华人民共和国文物保护法》的第二十一条、二十六条
仍然坚持不改变文物原状的原则。上述法律条款确定了中国文物建筑保护的基本
方向，也是原真性原则的重要体现。

　　自 1985 年起中国签署《保护世界文化与自然遗产公约》并加入国际文化遗产
保护组织国际古迹遗址理事会（ICOMOS）和国际文化财产保护与修复研究中心
（ICCROM），此后又当选为世界遗产委员会成员，中国的文化遗产保护开始与国
际接轨。通过对一系列重要国际文件的学习，中国历史文化遗产保护领域也深刻
体会到原真性的重要，制定出一些较为科学的保护文件和准则。在 1994 年的《历
史文化名城保护规划编制要求》、1997 年《转发〈黄山市屯溪老街历史文化保护
区保护管理暂行办法〉的通知》中对原真性原则也有所体现。而对原真性原则的
诠释最为全面、深刻的，还是 2000 年 10 月国际古迹遗址理事会中国国家委员会
（ICOMOS China）在承德制定的《中国文物古迹保护准则》。

　　尽管《中国文物古迹保护准则》不是一部法律或规范，但由于国际古迹遗址
理事会中国国家委员会所具有的特殊地位，它无疑成为既符合中国文物保护法律，
又尊重国际公认的文化遗产保护原则的、针对中国文化遗产保护的行业标准。该
准则适用范围较广，不仅适用于地面与地下的古文化遗址、古墓葬、古建筑、石
窟寺、石刻、近现代史迹及纪念建筑，还适用于由国家公布应予以保护的历史文
化街区（村镇），以及其中原有的附属文物。

1.2.2 原真性保护理论与实践

1）原真性保护理论的提出

自 20 世纪 60 年代起，西方文化遗产保护活动逐渐兴起，原真性保护理论呼之而出，其内涵和意义也不断发展（Cohen，1988）。早期英国的"哥特复兴"运动，开启了对中世纪历史建筑的哥特式改造，却忽视了对遗产本身的保护而遭到严厉批判；而后，法国兴起的"风格化修复"运动，随意将历史文化建筑修复到理想状态，遭到了英国"反修复"运动者的反击，并提出了应该保护历史文化建筑的真实性；到后来意大利学派的出现，直指历史文化建筑的价值，从而推动了文物保护和修复的发展，将遗产保护理念推向了世界舞台，对世界范围内遗产保护文化有重大的影响。至 20 世纪开始，人们开始逐步意识到保护文化遗产真实性的重要性。文化遗产保护也受到各个国家的重视和认可。原真性理论得到进一步的发展，并在国际上文化遗产保护的法律文件中反复出现。1933 年的《雅典宪章》中提到，区域的规划需立足于真实的发展因素，开始对原真性有所描述，并认为有历史文化价值的建筑及其街区应妥善保存，不可将其破坏（Goodchild，1997）。1964 年，联合国教育、科学及文化组织制定的《威尼斯宪章》中首次提到了原真性概念，并提出了原真性相关原则，指出应保留全部历史信息，妥善保存每个时代的叠加物，极大肯定了原真性保护对文化遗产保护的意义。同时也提出了历史地段的概念，即对文物建筑周围的地区进行保护，开辟了历史地段保护的先河。1976 年通过的《内罗毕建议》中进一步扩大了原真性保护的内容，从原来建筑环境扩展到社会生活文化层面，并考虑历史地段不同时期发展特征。1987年 10 月通过的《华盛顿宪章》，将原真性保护对象从历史地段往城镇范围发展，使得原真性保护重要地位进一步提高。1994 年，在《威尼斯宪章》基础上提出的《奈良真实性文件》对原真性保护问题创新发展了原真性保护的定义，即历史文化遗产的价值取决于其信息来源是否真实有效（Golomb and Galasso，1995）。同时也完善了原真性保护要素，使得原真性保护理论成为历史文化遗产保护的重要理论依据。在此之后，世界遗产委员会对原真性保护理论的讨论和研究也不断地开展着，这都是对《奈良真实性文件》的进一步完善和补充，使得原真性理论更加系统（Lowenthal，2005）。

在国内，原真性保护理论的发展，主要来自西方原真性概念及相关原则的不断推进和演化。国内最初并没有"原真性"一词，但是中国对于原真性的相关阐述却是很早就有。20 世纪上半叶，文物建筑保护专家梁思成就提出了"保护文物建筑就是使它延年益寿，不是返老还童。"此后，同济大学国家历史文化名城研究中心阮仪三教授也提出，应使现存历史文化遗产所拥有的信息得到完整保护。1982 年，新中国成立后的第一部文物保护法律《中华人民共和国文物保护法》颁布，其中也提到的"文物古迹维修维护应不改变文物原状的原则"，这都和原真性保护原则的内涵相一致。在不断实践的历史文化名城保护当中，国内文化遗产保护得到更深入的发展。相关论文著作，如王景慧等（1999）编著的《历史文化名城保护理论与规划》、张松（2001）编著的《历史城市保护学导论：文化遗产和历史环境保护的一种整体性方法》及阮仪三和林林（2003）撰写的《文化遗产保护的原真性原则》都使得原真性保护原则从历史地段空间层面发展到思想社会生活层面，由此可见，保护历史文化遗产实际上是保护历史遗存和文化传统的真实性（洪屿，2012）。综合上述国内外理论对原真性保护的探讨，本书对原真性保护的理解为，通过一定手段来保护历史文化遗产的原物现状与历史信息，完整地反映历史文化遗产文化价值与真实程度的过程。

2）原真性与物质文化遗产保护

物质文化遗产可分为历史文化名城名镇名村、历史文化街区、历史建筑等尺度不一的不可移动文物遗产类别，以及涉及考古发掘的相关遗产内容。目前这些历史遗产从评选申报到保护规划均强调了原真性的重要性和必要性。由于原真性存在复杂解读，难以用统一、可量化的指标进行操作，但在国家和地方性法规层面，又不得不以普适的标准去规范所有的保护与建造活动，因此现阶段的法规条文均以"保持物质层面的原状"来代指原真性，地方条例则在此基础上进一步罗列了"原状"的范围，如建筑高度、色彩、体量、传统格局和历史风貌等。

从这些法规条例所提出的保护原则出发，国内进行了大量的学术研究与保护实践：郑颖等（2011）从道路的数量、长度和宽度三个角度分析了天津日租界道路的原真性状况；张斌和卢永毅（2016）对徐家汇观象台修复过程中原真性的取舍做出了详细的论述并进行了切实可行的实践论证。随着保护案例的增多，大量或成功或失败的案例引起了学界对原真性实践的反思与讨论。

（1）地区尺度上的原真性：在省、市的区域尺度上，朱光亚、范今朝、龙太江等学者探讨了行政权力的干预对原真性保护的影响。在遗产原真性保护上，部分地方的行政权力绕过了法定程序和专家方案，以经济发展为目标，直接粗暴蛮干，导致大量遗产的原真性被破坏（朱光亚，2008）。除了行政权力对遗产保护的直接干涉外，行政区划的调整也会对遗产原真性的保护产生负面影响。例如，湖北省撤销古荆州地名成立荆沙市，让所有荆州地名的文化价值被掩盖（范今朝等，2009）；采用"黄山"取代了"徽州"，人为地扩大了遗产的行政范围，影响了人们对于黄山"原真性"的认知，又以黄山的遗产影响力屏蔽掉了徽州地区的其他遗产（龙太江和黄明元，2014）。

（2）城市/街区尺度上的原真性：在城市与街区的尺度上，"生活原真性"变得越来越重要，物质层面的原真性则被逐步弱化。《历史文化名城名镇名村保护条例》等法规条例均只针对历史建筑、历史风貌和传统格局的原真性保护做出了要求与指示，导致在很多的保护实践中缺乏对原住民生活原真的考虑（竺雅莉等，2006），或者仅仅将其视为佐证实践合理性的一个噱头（李琳和陈曦，2017），其结果就是产生了一些非原真的失败"作品"（周霖和吴卫新，2010）。针对该现象，阮仪三等［（阮仪三和孙萌，2001；阮仪三和林林，2003）］强调了历史街区、城市遗产等人类构筑物遗产原真性保护中要遵循生活真实性的标准；杨新海（2005）也认为永续利用的动态生活才是历史街区原真性保护的核心内容；夏健等（2008）则借用"生活世界"（life world）理论，提出社会生活才是历史的第一前提，任何基于生活需求而对物质空间进行的改变都应当是原真的，只有基于居民生活需求的小规模、循序渐进的改造才是对原真性的尊重。

文化原真性也是历史街区城市记忆的重要表现。为保护历史街区的文化原真性，最直接的模式即为静态消极的文化保护，仅维护历史地段的原有价值。但缺乏活力，往往会导致历史街区的衰败，城市也丧失了历史特征，如大连凤鸣街和哈尔滨道外传统商市历史街区。因此，原真文化需要"价值重塑"，原住民生活真实性是文化原真性的重要方面，但在商业开发运作过程中不可避免会出现原住民流失。因此，重构居民间原有的邻里关系和社会网络以及重建原始居住模式和居住文化则成为历史街区城市文化传承与延续的重要环节。而在传统和现代城市文化碰撞和冲突中，则要在保护历史街区传统城市文化的前提下，延续城市文脉并创造符合时代背景的新文化提升街区文化内涵。

（3）建筑尺度上的原真性：建筑层面原真性保护主要涉及建筑修复与建筑设计两方面。对文物建筑的修复，原真性原则的实践与应用经过近百年的发展已较为成熟，虽然在技术层面上并不能做到完美（张兴国和冷婕，2005），但不论是针对古建筑的木作、瓦作等修缮手法与理念（刘瑗，2008），还是对新材料、新技术进行科学、可识别的应用，都已经能做到对原建筑历史信息的有效传承与保护（石坚韧等，2009）。现有研究的焦点在于保护修缮行为对原真性的破坏，如针对文物建筑保护施工所采取的工程招投标制度，导致一些施工单位以次充好、偷工减料，严重破坏了建筑的原真性（马炳坚，2002），而产权管理的混乱、规划制度的呆板也都会导致原真性的破坏（张杰等，2006）。翟辉教授团队在对独克宗古城的文物建筑进行修复实践时，提出政府监管失位、建筑师话语权微弱、原住民保护意识薄弱以及旅游开发的利益驱使，是文物建筑原真性保护实践的最大阻碍（曹易和翟辉，2015；李天依等，2017）。

在设计过程中，应尊重地域环境的原真。王墨晗和梅洪元（2015）立足于东北寒地建筑设计研究，从时间、空间和感知三个维度上对寒地建筑原真状态进行了解读，提出了原真性原则是建筑设计的起点与归宿。在建造过程中，应尊重地域文化的原真。何汶等（2017）针对乡土建筑的大量新建，提出了"自发建造历程"才是乡土建筑特有的原真性，要尊重这一历程才能让乡土文化得到传承。在建筑的使用评价中，应当审慎地使用原真性原则。张颀和贺耀萱（2011）提出了将"建筑保护"与"建筑更新"区别对待的观点，认为在学术界普遍侧重"保护"研究的前提下，更应该从"更新"的视角来看待仿古建筑，原真的保护方式应当被尊重，但是并不适合用来衡量新建建筑的价值。姜磊等（2008）也从结构、材料、构造及功能四个方面对比分析了古建筑与现代混凝土仿古建筑在原真性上的差别，发现至少在物质层面上，无法以"假古董"去斥责仿古建筑，因此提出只要仿古建筑不是去以假乱真地取代古建筑，就不应当全盘否定其价值。

（4）园林遗产的原真性：从尺度体量上来讲，园林遗产可被视为历史文化街区的一种类型（陈灿龙，2012）。但与典型传统街区的不同之处在于，园林遗产同时涵盖了自然遗产与文化遗产的属性，是人工构筑物与植物、山水的组合搭配。植物有其自身的盛衰规律，山水也会跟随地质环境变迁而变动（曹盼等，2018）。因此，对于园林遗产的保护还需要对植物更替、山水格局的原真性进行审慎考虑。且由于对景、借景等造园艺术手法的存在，园林遗产的空间与文化价值并不局限于园林的物质构成（曹丽娟，2004），还要涵盖意境格局（乐志，2009）、游览流线，甚至与周边环境的互动联系（杨欣宇和汤巧香，2016）。不过因为园林遗产权属明确且本身并不具备普遍意义上的生活原真属性，与建筑遗产原真性相似，做到对原貌、原材料、原历史信息和原艺术手法的合理选择，从而在理论层面实现对园林遗产原真性的保护。然而，在实际的保护实践中遇到的问题也与建筑遗产类似，多为技术性和管理性问题（王鲁民和段建强，2018）。此外，在园林遗产原真性保护实践中，还涉及遗产价值取舍的问题，如圆明园的保存与修复争辩。圆明园是园林艺术价值与历史遗址价值的集大成者，选择何种价值去进行原真性的表达一直是学界争论的焦点（周宏俊和刘劲飞，2005）。有的学者主张全面恢复圆明园的造园盛况，有的则认为其遗址价值、教育价值才更应该被保留（孙筱祥，2010）。目前主流的实践办法是按照不同的功能分区对圆明园进行保留和修复（张成渝，2010a），也有社会企业提出异地复建圆明园主题公园来协调遗址与艺术价值之间的矛盾（苏实，2008）。但不论何种保护策略，现阶段都未能在学界达成共识，这也进一步体现了原真性保护实践的复杂性。

3）原真性与非物质文化遗产保护

国内对非物质文化遗产（简称非遗）的研究与讨论起步较晚，对于非遗原真性的研究与实践也大量沿袭了物质遗产原真性的内涵理解与保护模式，缺乏对"非物质"特征的深入讨论。针对非遗原真性保护实践过程中出现的种种弊病，马知遥（2010）将其归类为三个悖论：① 非遗保护的目的是传承和弘扬传统文化，但活态的保护与传承模式又势必会因为外力的介入而损害遗产的原真性；② 遗产保护中很难协调"稳态"与"变异"之间的关系，如果要强行维持原真性，可能非但不能提升保护品质，反而会让遗产走向消亡；③ 保护过程中的短视思想、商业包装宣传，会导致非遗的边缘化甚至破坏其原真性，使保护反而成为一种破坏。马知遥提出的三个悖论，反映的是非遗的保护与发展之间的矛盾。并且相比于物质遗产，非遗更强调精神与文化层面的传承，这一点无疑是传统遗产保护研究的一个软肋，因此目前在遗产领域有关非遗原真性的困惑，大多都在向旅游领域的四大原真性理论寻求解答（吴兴帜，2012）。针对第一、第二个悖论，吴忠才（2002）基于"舞台原真性"理论，认为在现阶段区分前台和后台是保证非遗原真性的有效手段，前台的表演能够避免后台的"原真性"遭到直接破坏，同时因为文化本身的流变性与交互性，旅游者和表演者在前台的互动也能够对原真的文化产生调整与适应，当旅游发展进入更高阶段之后，前台与后台才能真正融合，旅游者才能接触到最原真的旅游体验。针对第三个悖论，陶伟和叶颖（2015）则使用"定制化原真性"理论讨论了原住民与游客的主体需求，定制了满足原住民和游客各自需求的历史文化空间，协调了原住民与游客之间对原真性的不同感知和不同解读。

对于第一、第二个悖论，王巨山（2008）也提出了类似的困惑，他认为非遗的"原真性"是活态、变化的，是在不断地与其他文化进行交流交融的，很难以一种纯粹的文化标准来评判，尤其是一些号称某某文化、传说发源地的争论，因为文化交融，很难去用"原真性"进行判断和评估；刘魁立（2010）则认为这种困惑之所以存在是因为学界一直是以物质遗产的方式进行非遗保护的实践，他提出非遗的演变发展不可避免，非遗原真性的评判是为了保证这种演变在一个同质的限度内，而非去遏制其发展，只要基本功能、价值关系没有发生本质变化，事物没有蜕变成他种事物，就理应被视为是原真的。对于第三个悖论，一些学者认为对非遗主体性缺乏关注是导致第三个悖论产生的根本原因。韩成艳（2011）认为目前关于原真性的理解和界定是合理的，但在原真性的判定上，一直以来都忽视了对非遗主体的关注，应当从文化创造主体和文化功能的角度出发，才能构建出一个适用于非遗的"原真性"评估标准；陈沛照（2014）也认为目前的非遗原真性保护最主要的缺失就是对于文化主体的忽视与曲解，文化主体丧失了话语权，导致行政权力和商业操作的越俎代庖，强行移植和嫁接文化符号造成了对非遗原真性的巨大破坏；吴兴帜（2016）从时空性、整体性以及多样性的角度出发，总结了目前非遗的"失真"主要表现为文化原生性主体的失语、文化展现在时空上的错位、文化整体性的碎片化，以及文化多样性的阉割简化，并提出文化遗产的物质构成只是基本的条件，而其完整的文化体系和原生性主体才是衡量文化遗产原真性的关键。

4）原真性与传统村落景观保护

传统村落景观是物质文化与非物质文化的综合体，原真性理论对传统村落文化的传承、村落文化遗产的保护与开发等具有重要指导意义。分别以"村落"和

"原真性"为主题词频在中国知网 CNKI 进行模糊检索，可检索到与之相关的 7 篇文献，它们主要对村落在旅游开发和原真性保护二者之间的互动关系和传统村落原真性保护的主要思路展开了讨论（易莲红，2017）。刘仕瑶（2013）研究在旅游开发过程中，需要保护村民的生活场所和传统文化，延续古村落的居住功能，才能有效地保护古村落的原真性；朱环和韦达（2014）则从文化遗产原真性的视角探讨了民族古村的开发；熊瑛子（2014）提出整合自然资源、人文景观来发展旅游业，并开发利用当地的民俗文化、传统工艺，留住当地居民，发展当地经济，从而进一步保护古村落原真性和完整性。在传统村落原真性保护的思路和策略上，肖亚平（2016）提出传统村落是活态的文化遗产，要建立传统村落原真性要素清单，从人工环境、人文环境以及自然环境三个维度来保护其风貌格局、文化历史脉络、非物质文化遗产。传统村落的保护就是要让文化生态、自然生态以及非物质文化遗产真正地原真性地存活下来。基于对传统村落景观的内容以及文化遗产领域的原真性的概述，可知对传统村落景观原真性的研究，不能局限在其物质景观的原真性，而是应该广义地将传统村落及其所处的历史文化和自然地理背景作为一个整体，来研究其自然景观、人文景观和人类活动在时间、空间及文化情感三个维度上的信息，是否能够真实地反映传统村落本来的面貌和内在的文化底蕴，是否具有历史、文化、科学和艺术价值。

5）原真性与旅游开发

原真性进入旅游科学领域，源于文化遗产界对文化和遗产旅游中非原真性现象的批判，代表学者有麦卡耐尔（D. MacCannel）、布尔斯廷（D. J. Boorstin）、洛温塔尔（D. Lowenthal）等（陈享尔和蔡建明，2012）。Wang（1999）总结了旅游原真性的四大经典理论，即客观主义原真性、建构主义原真性、后现代主义原真性和存在主义原真性。客观主义原真性是指旅游客体内固有的一种特性，可以用绝对标准衡量的原真性（张朝枝，2008）。建构主义原真性研究立足点从客体属性转向游客的体验感受。库勒认为游客寻找的原真性，不是客观存在的，而是客体某些作为标志或原真性的象征被感知到，是一种被建构的原真性（Culler，1981）。科恩以辩证的立场看待旅游原真性和商业化的关系，将旅游中的文化商品化归为文化变迁的必然过程，提出"渐变原真"的概念，认为曾经被视为失真的事物，可能会在时间的流逝中逐渐被人们接纳并认可其具有原真性（Cohen，1988）。后现代主义原真性完全不把"不真实"当作一回事（Wang，1999），如 Eco（1986）用美国迪士尼乐园案例来说明那些绝不以现实为模板或参照的想象物、符号集合体也成为著名的旅游吸引物。存在主义原真性不从客体出发，强调旅游主体"自我存在"的感觉。游客原真性体验分为个体内部的原真性和个体之间的原真性两个维度，认为游客在个体内部以及个体之间寻找原真的感受，这种感受是游客在旅游活动中被激发的，即使客体是假的（Wang，1999）。

旅游科学中的原真性概念加入了游客真实性体验元素，其目的是回应遗产界对旅游过程中出现的非原真性现象的批判。MacCannell、Boorstin、Hewison、Lowenthal 等学者均属于对旅游过程非原真性现象的批判阵营（Boorstin，1992；Hewison，2023；Lowenthal，2015；MacCannell，1973；陈享尔和蔡建明，2012）。目前，原真性实践理论在旅游科学的应用研究主要有原真性与旅游开发保护、原真性与旅游经营管理、原真性与旅游商业化等（陈文玲和苏勤，2012）。从旅游科学角度探讨专家、遗产旅游者、东道主居民、旅游经营者四种维度如何构建原真性的互动机制（高科，2010），且不同利益群体对原真性感知评价存在差异，而这种差异来源于不同的原真性评判标准（张朝枝，2008）。在文化遗产地原真性建构过程中，呈现出自上而下、精英化的现象，在文化遗产保护规划中应充分尊重居民话语权（徐红罡等，2012）。目前国内旅游领域对原真性的研究尚处在初级阶段，主要是介绍和引进国外对原真性概念的各种观念和理论探讨，研究者大多谈论的是自身的理解或对别人观点的批判。现有研究大多数采用的是定性分析方法，而在近些年来也有更多采用定量分析方法的研究，研究对象是某一种类型文化遗产的游客感知，这对国内原真性研究也是一种进步。

近些年，随着中国旅游研究向遗产研究的靠近，对原真性理论的运用也成为中国旅游研究中的热点问题，主要体现在遗产旅游开发以及不同利益主体的感知等方面。在探寻原真性保护与旅游开发策略上，马晓京（2006）梳理了国外客观主义、建构主义、后现代主义、存在主义等流派对原真性的主要观点，讨论了遗产原真性与旅游商品化之间的关系；乐可敏（2007）、舒辉（2013）等学者探寻了原真性视角下古村落旅游开发的模式及产品设计。在从不同主体的角度理解遗产旅游的原真性问题上，张朝枝（2008）提出从互动与动态的角度理解原真性，并建立起旅游与遗产保护的主体、客体以及介体的逻辑框架；也有诸多学者从游客感知和评价的角度，研究文化遗产旅游的原真性，并建立了游客感知因子的指标及构成体系（戴永明，2012；冯淑华和沙润，2007；廖仁静等，2009；孟春晓，2012）；此外，高科（2010）从多维度思考文化遗产旅游的原真性，并讨论了专家学者、遗产旅游者、东道主居民和旅游经营者四个不同利益群体的互动机制。概括来说，国内原真性引入到旅游开发方面的研究主要集中在如下四个方面。

（1）旅游开发中原真性理论的引入：李旭东和张金岭（2005）阐释了西方旅游研究领域中原真性概念和理论的发展历程，详细阐述了客观主义、建构主义、后现代主义和存在主义的四种主要观点，指出原真性应是我者与他者、现在与过去、变化与静止等二元概念的逻辑辩证，并且呼吁学界更加关注文化原真性的建构因素、原真性如何影响游客满意度等问题。陈勇（2005）针对遗产旅游地过度商业化的现象和问题，展开对遗产原真性的研究探讨，首先进行了关于国内外在遗产旅游和遗产原真性领域的研究综述，介绍解读了遗产旅游和遗产原真性的概念和相关理论，并讨论了两者之间的内在关系，认为遗产旅游的发展确实导致了"舞台原真"现象。

（2）遗产旅游的原真性困境研究：马凌（2007）综述了现代旅游中"原真性"概念在不同学派观点中的产生和发展，以及西方旅游研究中涉及原真性的应用，如原真性与旅游动机和旅游体验，原真性与商品化，还有原真性与怀旧、遗产旅游的课题等，指出游客对原真性的追求，其实反映出人们对美好的期望和对现实虚假的不满，存在"好恶交织"的心理。吴晓隽（2004）将这种文化遗产既需要旅游活动提供市场，其原真性又不免受到旅游活动的冲击的现象称为真实性困境。该研究通过分析真实性困境的产生根源，提出寻求遗产旅游健康持续发展的途径，并指出要正确处理遗产旅游发展中的几个关系，如现代性与传统性的均衡、原真性与商品化的均衡等。徐薛艳等（2017）从旅游主体、具有原真属性以及创意属性和功能属性出发，提出游客江南水乡感知意象的三维度耦合结构，该提法承袭了现有旅游景观意象的"功能-心理"和"功能-文脉-地脉"三维耦合结构，更凸显了水乡古镇文化特性和旅游体验层次。未来，在水乡古镇及文化遗产类旅游意象传播中，优化"原真-创意-功能"属性信息的传播数量、质量和结构，能够有效提升意象认知度、文化认同感和体验异质感，从而提升旅游目的地的吸引力。

（3）旅游活动中民族歌舞表演的原真性评判：民族歌舞表演是民族民俗类旅游的一个重要形式和活动环节。马晓京（2006）梳理了西方研究中原真性理论的主要流派及其观点，然后重点讨论了关于遗产原真性与旅游商品化这个问题，研究对中国的民族文化遗产保护和旅游开发工作有重要启示意义。田美蓉和保继刚（2005）以西双版纳傣族歌舞为例，研究少数民族歌舞旅游产品的原真性，调查各要素对游客的原真性体验具有怎样的影响，将其归纳为表演内容及舞台效果因素、表演外部氛围因素、表演人员因素三大类别。卢天玲（2007）以九寨沟作为案例区进行了实证研究，分析了当地社区居民心中对于民族歌舞表演项目的原真性认知，填补了旅游地居民的原真性认知的研究空白，而旅游发展必须要考虑当地居民的意见才能长久，研究结果表明，社区居民的原真性认知最关键的影响因素是经济因素和文化认同。

（4）单类遗产的游客感知研究：针对不同类型文化遗产的实证研究中，学者们的视角多是从游客出发。冯淑华和沙润（2007）从游客感知的角度出发，将游客的原真性感知与旅游满意度结合起来进行评价，研究了在古村落旅游中游客"真实感-满意度"的测评指标体系，并以江西婺源为案例进行了应用研究。针对民俗旅游资源的原真性开发，褚琦（2008）对成都洛带客家古镇的原真性的开发现状进行了实地研究，并对游客进行问卷调查，调查游客对于该地区旅游资源原真性的评价，并从游客需求和体验的视角进行了分析。廖仁静等（2009）选择江苏南京夫子庙为案例地，研究都市历史街区游客的原真性感知，分析其感知差异的影响因子，可以归纳为"仿古观光活动"以及"购物休闲活动"两类，并针对不同类型的游客以及游客和居民之间的不同影响程度进行对比分析。

6）原真性与饮食地理文化

原真性有"真正的"（true）、"真实的"（real）、"原作的"（original）、"诚实的"（honest）、"神圣的"（sacred）等含义。汉语中与之相对应的词语为"正宗"，在饮食业中，即是纯正、地道之意。在服务研究中，原真性通常被认为包括"真正的"（genuine）和"真诚的"（sincere）两个方面（MacCannell，1973；Wang，1999），可作为地方性的表征。在西方文献中，原真性已运用至人文社会研究的各个领域，包括对地方饮食文化的研究。自 MacCannell（1973）引入舞台化原真性（staged authenticity）概念之后，Wang（1999）区分了三种形式的原真性：客观主义原真性（objective authenticity）、建构主义原真性（constructive authenticity）和存在主义原真性（existential authenticity）。其中，客观主义原真性是指旅游客体内固有的一种特性，可以用绝对的标准来衡量；建构主义原真性是一种符号的、象征意义的原真性，是社会建构的结果（曾国军等，2014），认为真正的客观主义原真性是不存在的，客体是否原真取决于多元化的游客感知与体验；存在主义原真性分为个体内部的原真性和个体间的原真性，即使客体是假的也能够达到原真状态，实现原真体验；此时，人们感觉自己比日常生活中的自我更加真实和自由（张朝枝，2008）。有研究者建议放弃对客观主义原真性的追求与研究，因为原真性的概念并不反对文化的变化、创新，而是在承认社群自身有进行文化调试、文化创新正当性的情况下，保证文化现象基本的一致性（刘魁立，2010）。就文化变迁的本质而言，不存在某种恒定不变的客观主义原真性（赵红梅和董培海，2012）。从建构主义原真性的理论视角来看，餐饮的原真性存在于观察者的眼中。同样，有学者认为餐饮是原真的，也可能有学者认为它们是非原真的（曾国军等，2014）。

饮食地理近年来成为文化地理学重要议题。饮食文化因地理纬度不同、气候不同、植被不同出现地域差别，即表现出地方性。而在全球化背景下，人和企业的频繁迁移突破了以往的既定边界，由此形成了越来越多的"跨地方性"（translocality）。餐厅经营者抓住地方饮食文化的原真性内核，通过评估顾客对其跨地方所经营餐厅的原真性感知，从菜品、装饰、服务、语言等方面建立体现餐厅原真性的符号系统，当顾客在消费过程中实现期望的原真性与实际体验感受到的原真性相符时，原真性符号化得以继续并实现循环，如差异太大则循环中断（曾国军等，2014）。为此，餐厅应"忠于自我"，并提供"表里如一"的服务（Bowen and Youngdahl，1998；de Vries，1999）。饮食文化的跨地方传播经常在保持文化原真性和实施标准化之间面临两难困境。企业既要求通过统一服务质量和形象保持标准化，同时又需要保持个性以满足顾客差异化的需求，这就导致了一定程度上的矛盾。原真性和标准化不是一对非此即彼的两难问题，而是可以互相包容和妥协的概念。将不同程度（高、低）的标准化和原真性进行整合，构建饮食服务跨地方文化生产的理论框架，得到四种跨地方饮食文化生产方式，从而否定了"原真性与标准化悖论"。目前，虽然饮食文化生产框架已构建，但四种跨地方饮食文化生产的机制与过程尚未厘清，饮食文化的原真性仍然面临着传承与创新两难的问题，原真性与标准化之间的关系也并不清晰。因此，曾国军等以广州某甜品连锁店为案例，研究"原真标准化"这一饮食文化类型的生产机制，通过调研消费者对企业原真性、标准化的感知情况，探究此种机制的合理性，以期为同类型跨地方饮食文化生产企业提供经验借鉴，对跨地方文化生产理论的发展起到一定的推动作用（曾国军和孙树芝，2016）。

1.2.3　原真地理特征的重大保护行动计划

原真性概念源自对物质实体的保护手法研究，但是发展至今，其内涵已经延伸到了主体的价值评判甚至对未来价值观的预测上，这种延展对于学科的发展有着显著的推进作用，不过是否存在着过度解读的可能？张兵（2011）曾提出对于原真性保护实践的关键并不在于技术措施和设计手法，而是在于参与者、相关者所持有的历史观念和价值评判标准。对于原真性理论价值深入挖掘的意义就在于为保护实践的各参与方提供一个更科学的评判理念与保护意识，而并非直接作用于施工指导，因此能否将原真性实践层面的可操作性和理论层面的多意性进行剥离，抑或是使用新的语汇来定义原真性衍生出的新意义？譬如实践层面的原真性可主要侧重于对物质实体各历史阶段历史信息价值的取舍进行论证研究，而理论层面的原真性则应当关注文化与生活上的历史流变特征与规律。或许如此才能在现有的保护理论框架内实现理论对实践的有效指导。

原真地理特征是在时空、文化、情感等因素相互作用，以及特定空间位置和历史条件下产生的，具有真实性、纯粹性和原生态等特点，是反映人类文化活动与地表系统相互作用形成的地理现象的集合体。原真性保护强调对所处地理环境的真实回应、对经济技术环境的协调适应、对文化价值的充分尊重。原真性不仅有"权威的"与"原初的"含义，同时具有第二层次的时间维度内涵，即"原初的及后续"。这与生态文明建设的宗旨不谋而合，重视各个环节、不同阶段的持续表现。通过与地理环境、人文环境的对话，对所处实际空间做出真实的反映，展现出特定地域环境下地理特征的样貌，原真性保护即是对此情此景的呈现。总体来看，原真地理特征相关的自然、文化遗产的调查保护，受到国际和各国政府广泛的关注，启动了一系列相关的行动计划。

世界遗产即是原真地理特征的具体表征载体，主要包含文化遗产、自然遗产和复合遗产三大类。它们不仅可以促进地区的旅游、经济、社会和环境效益的提升，更是科研和教育的基地，是探究人类智慧、文明轨迹和自然奥秘的知识源泉（Jokilehto，2006；Labdi，2013；闵庆文，2006；孙克勤和孙博，2000；张成渝，2010b；张成渝和谢凝高，2003）。但是长期以来世界遗产尤其是自然遗产由于大规模公共或私人工程的开发、土地的使用变动与易主等因素，其面临着重大威胁。

　　为保护世界遗产，国际社会成立了相关保护组织，提出系列保护方案，相关学者也开展了大量研究。世界遗产委员会于 1976 年成立，主要负责《保护世界文化和自然遗产公约》的实施，该公约规定了文化遗产和自然遗产的定义，以及文化和自然遗产的国家保护和国际保护措施等条款；1992 年 12 月的联合国教育、科学及文化组织世界遗产委员会第 16 届会议将文化景观作为文化遗产的类型，进一步丰富了历史文化遗产的内涵；2002 年联合国粮食及农业组织（Food and Agriculture Organization of the United Nations，FAO）提出了"全球重要农业文化遗产"（Globally Important Agricultural Heritage Systems，GIAHS）的概念（Koohafkan and Altieri，2011；Santoro et al.，2020），旨在建立全球重要农业文化遗产及其有关的景观、生物多样性、知识和文化保护体系；中国也先后颁布了如《风景名胜区管理暂行条例》《中华人民共和国文物保护法》《文化部财政部关于实施中国民族民间文化保护工程的通知》等一系列相关的法规与政策。

　　王爱华等（2011）结合中国世界遗产保护现状，分析了中国世界遗产面临的威胁；潘运伟等（2014）研究了导致世界遗产"濒危"的威胁因素，并对中国世界遗产保护提出了相关建议；Roy 等（2018）研究了世界文化遗产孙德尔本斯国家公园沉积物中金属污染的时空变异性，并分析了其来源；Reimann 等（2018）评估了地中海地区处于低洼地的世界遗产地受到沿海洪水侵蚀的风险。随着人类对生态环境重视程度的不断提高，无论科学界还是各级政府机构对世界遗产的保护都提高到了前所未有的高度。因此，准确标定世界文化遗产的原真地理特征，并针对这些特征进行保护，成为未来世界文化和自然遗产调查保护行动的重要关注点。

第 2 章　中国地理特征总体格局

2.1　中国地形地貌要素的地理格局

2.1.1　中国地形地貌的总体格局

中国的地势呈现出西高东低的显著特征，形成了独特的三级阶梯状分布，高程和坡度都随着三级阶梯逐级变化，构成了中国地形的基本框架（李炳元等，2013）。按照中国 1:100 万地貌制图规范的划分标准（周成虎等，2009），中国可划分为四级高程区间［图 2-1（a）］，即低海拔（<1000 m）、中海拔（1000~3500 m）、高海拔（3500~5000 m）和极高海拔（>5000 m），其中低海拔地区占比最大，约为 44%，极高海拔地区占比最小，仅 6%，剩余中海拔和高海拔地区占比分别约为 34% 和 16%。中国低海拔地区主要位于东部的东北平原、华北平原和长江中下游平原，高海拔与极高海拔地区则主要分布于青藏高原地区。从坡度角度分析［图 2-1（b）］，中国东部地区整体坡度较低，<5°的区域面积占比为 46%，而 >25°的区域面积仅占 18%。坡度较大的大起伏山区主要位于中国第一级阶梯的青藏高原以及第一级和第二级阶梯过渡地带，如横断山区。

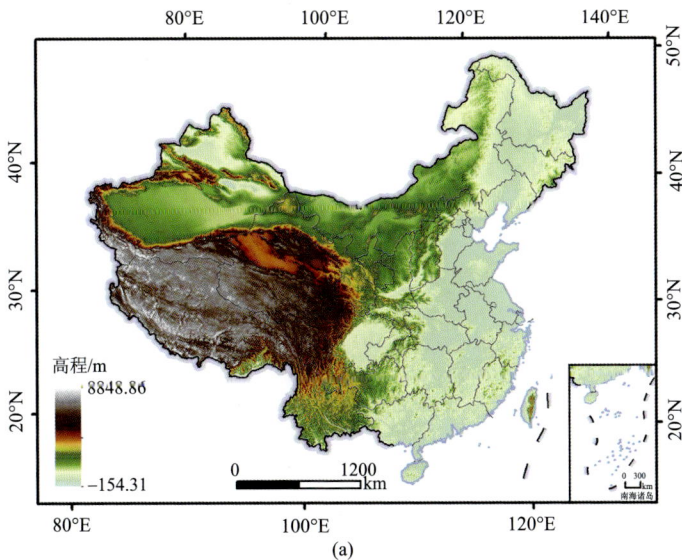

(a)

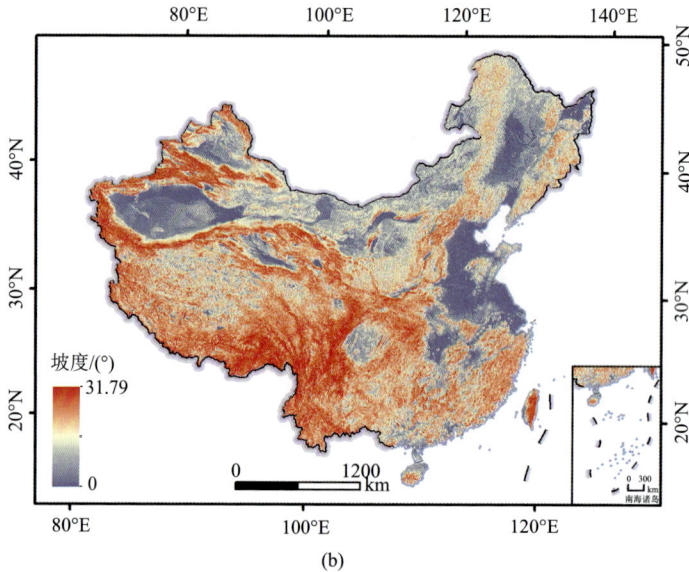

(b)

图 2-1 中国高程和坡度分布图

中国地貌的总体特征表现为类型多样、分布广泛且形态各异，反映了其复杂的地质历史和多样的自然环境，几乎涵盖了地球上所有的地貌类型，主要包括高原、山地、盆地、平原和丘陵等，每一种类型都有其独特的形成机制和地理特征，这些地貌类型在中国的地理空间上呈现出独特的分布格局和演化历史。此外，中国的地貌分布也存在明显的区域性特征，西部以高原为主，而东部则以平原和丘陵为主（图 2-2）。东部沿海的三大平原以低海拔平原和丘陵地带为主，零星分布有小起伏的山地与中海拔丘陵。这些低海拔地区向西侧内陆逐渐过渡到云贵高原、内蒙古高原和黄土高原，此处以中海拔高原和丘陵为主，地形起伏程度总体呈现小起伏态势，同时存在部分中起伏地形，中部地区开始出现高山和极高山。再向西推进，进入青藏高原，地形开始显著升高，此地区主要由高海拔和极高海拔构成。伴随着海拔的升高，地形的起伏程度也随之增加，主要起伏程度由原来的小起伏变为中起伏，并逐渐出现了各种大起伏甚至极大起伏的山地地区。总体而言，从东部的低海拔平原、丘陵地带到中部的山地，再到西部的高海拔高原，中国的地形呈现出明显的地域分异和梯度变化，这种分布格局不仅反映了中国地形的复杂性，也深刻影响了中国的生态环境、资源分布和人类活动。

中国三级阶梯的地形地貌格局对气候、水文、生态乃至社会经济发展都产生了深远的影响。从西部的高原到东部的平原，海拔的显著差异形成了丰富的垂直自然带，为生物多样性和地理环境的复杂性提供了条件。中国地势的三级阶梯从西向东依次降低，西部的第一级阶梯，以青藏高原为代表，海拔多在 4000 m 以上，构成了全球海拔最高的高原之一，被誉为"世界屋脊"，不仅是长江、黄河

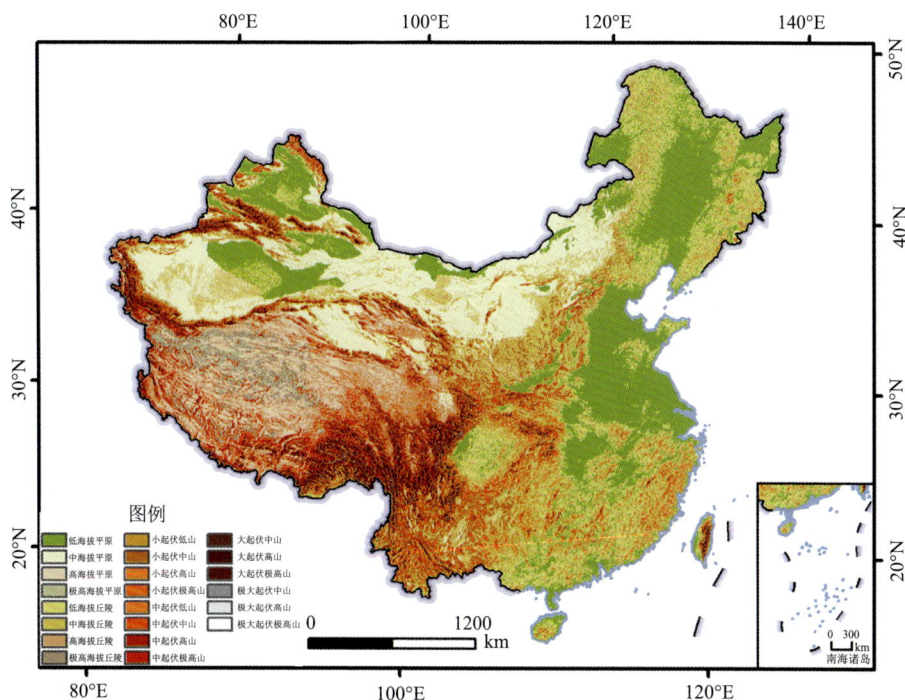

图 2-2　中国地貌分类图

等众多大江大河的发源地，也是中国乃至亚洲的重要生态屏障和水源涵养区。向东过渡至第二级阶梯，海拔一般在 1000～2000 m，包括内蒙古高原、黄土高原、云贵高原等。这些区域以其独特的地貌特征和丰富的矿产资源，对国家的经济发展和区域生态平衡起着至关重要的作用。第三级阶梯则是东部的平原和丘陵地区，如东北平原、华北平原、长江中下游平原等，海拔多在 500 m 以下。这些地区土地肥沃、气候温和，是支撑国家粮食安全和经济社会发展的主要区域。

2.1.2　中国地形地貌的成因

中国多样复杂的地貌形态是多因素、多过程、多尺度相互作用的结果。这些因素在不同地区、不同时间尺度上的作用强度和方式各不相同，共同塑造了中国丰富多样的地貌景观。通过对地貌形态影响因素的深入研究，我们可以更好地预测和应对由自然和人类活动引起的地貌变化。地貌类型的形成和发展受到多种因素的深刻影响，这些因素包括地壳运动、气候变化、水文条件、生物作用、人类活动以及地质历史等。在这些因素的共同作用下，中国形成了丰富多样的地貌类型。

中国呈现出明显的西高东低的三级阶梯分布，这一特征是由多种地质和自然因素共同作用形成的。地壳运动是这一地貌格局的主要驱动力。由于印度板块和欧亚板块的碰撞挤压，青藏高原逐渐隆起，成为中国地势的第一级阶梯，为整个地貌结构奠定了基础；随着地势向东过渡，海拔逐渐降低，形成了第二级阶梯。这一级阶梯的形成是长期地质作用、风化和侵蚀共同影响的结果。长期的地质构造运动导致了岩层的抬升和断裂，而风化和侵蚀作用则不断地削弱和塑造这些岩层，使地势逐渐降低；位于东部的第三级阶梯则是在河流侵蚀和沉积作用下形成的。东部地区的地势较为平坦，河流在流经这一地区时，不断地侵蚀和搬运沉积物，最终形成了广阔的平原地貌。河流的侵蚀作用不仅塑造了地表形态，还带来了丰富的沉积物，使东部地区的地貌更加多样化。

中国幅员辽阔，存在着各种各样的地貌单元，其中青藏高原和黄土高原最为独特。青藏高原的形成是地质学研究中的重要篇章。作为世界上最高的高原，平均海拔约为 4500 m，其形成源自印度板块与欧亚板块的相互碰撞与挤压。约在7000 万年前，印度板块开始向北移动，并最终与欧亚板块发生剧烈碰撞。这一过程中，地壳物质被强烈推挤上升，形成了青藏高原的初始地貌。之后，高原经历了多次隆升和侵蚀，尤其在第四纪冰期，冰川作用显著，冰川侵蚀和沉积在高原上形成了广泛的冰川地貌特征。此外，流水侵蚀作用同样不可忽视，河流切割和搬运沉积进一步塑造了青藏高原的复杂地形。这些地质过程不仅造就了青藏高原的宏伟地貌，也对全球气候和生态系统产生了深远影响。青藏高原的隆起改变了亚洲的气候模式，影响了季风系统，并成为多条重要河流的发源地，维系了周边地区的水文循环和生态平衡。

黄土高原作为世界上面积最大的黄土堆积区，其主要位于中国的华北和西北地区，海拔多在 1000～2000 m。黄土高原上的黄土主要来源于风成沉积。随着青藏高原的隆起，亚洲内陆逐渐干旱，沙漠和戈壁广泛分布。风力作用增强，挟带大量细粒物质，这些物质在大风的作用下被搬运至黄土高原区域，逐渐堆积形成厚厚的黄土层（刘唯佳等，2014）。冰期和间冰期的交替变化，每一次冰期都会伴随着风力作用的增强和黄土的堆积。此外，黄土高原的形成还受到河流作用的影响。黄河及其支流在流经黄土高原时，挟带着大量泥沙，这些泥沙在河流的搬运和沉积过程中，不断补充和加厚了黄土层。河流侵蚀和搬运作用也塑造了黄土高原的沟壑纵横、起伏不平的地貌特征。黄土高原厚厚的黄土层不仅储存了丰富的水资源，还为农业生产提供了肥沃的土壤。然而，这里的地形也使得该地区易于发生水土流失和土地退化，给环境保护带来了巨大挑战。

除了青藏高原和黄土高原两大地貌单元以外，中国还具有包括喀斯特地貌和丹霞地貌在内的其他奇特地貌类型。喀斯特地貌主要分布在中国的南方地区，如广西、贵州和云南等地，其是由碳酸盐岩石在水的化学侵蚀下形成的独特景观，如溶洞、天坑、石林。这些地区曾被海洋覆盖，海洋生物遗骸沉积形成石灰岩层。

地壳抬升后，石灰岩受大气降水风化，地下水溶解作用形成溶洞和地下河，地表水侵蚀则形成喀斯特峡谷和天坑（吴绍贵，2009）。丹霞地貌则主要分布在中国的东南部地区，如福建、江西和广东等地，是由红色砂岩和砾岩在风化剥蚀作用下形成的。中生代时期，这些地区沉积了大量的红色砂岩和砾岩。随着地壳运动和抬升，这些红色岩层暴露在地表，受到风化和剥蚀作用，逐渐形成陡峭的山峰、孤立的岩柱和悬崖绝壁等地貌特征（杨载田，2000）。河流在流经丹霞地貌区时，不断侵蚀和切割红色岩层，形成了独特的峡谷和沟壑。丹霞地貌以其色彩艳丽、形态奇特著称，既是重要的地质遗迹，又具有很高的美学和旅游价值。

不同地貌类型与地貌单元的形成过程与原因揭示了中国地貌多样性的内在原因，地壳运动提供了地貌的基础框架，而气候、水文、生物和人类活动等外力因素在此基础上进行雕琢和改造。每一种地貌类型都是地球漫长历史和复杂自然过程的见证，它们的形成和发展不仅对地理环境和生态系统具有深远影响，也为人类社会的发展提供了丰富的资源和多样的景观。

2.1.3　中国地形地貌格局对生态文明建设的影响

中国地貌的多样性不仅构成了丰富的自然景观，还在国家发展中扮演了重要角色。青藏高原作为"世界屋脊"，不仅是河流的源头，也是气候变化的敏感指示器，其冰川、雪山和冻土对生态平衡和生物多样性保护具有重要作用。国家通过建立三江源自然保护区等一系列措施，有效保护水资源，并为气候变化研究提供数据支撑。东部平原作为国家的主要农业区和人口密集区，其肥沃土地支撑着国家的粮食安全，同时也是工业化和城市化快速发展的区域。西部山地以其丰富的矿产资源、水资源和生物多样性，成为国家的重要生态屏障和资源宝库。国家通过合理规划资源开发、加强基础设施建设，如川藏铁路的建设，同时注重保护生态环境，促进了资源开发和区域经济发展。南方丘陵和喀斯特地貌区域孕育了丰富的亚热带和热带生物资源，是重要的生态功能区。国家通过发展生态旅游、民族文化旅游等产业，在保护生态环境的同时，弘扬民族文化。国家通过退耕还林还草、水土保持综合治理等措施，有效控制了水土流失，提高了农业的可持续发展能力。通过科学规划和管理，各地貌区域在国家发展中发挥着不可替代的作用，实现资源的合理利用，保护生态环境，促进经济的可持续发展。

中国地貌的多样性虽然造就了丰富的自然资源，但也引发了很多自然灾害，威胁着人民的生命财产安全。东部沿海地区因位于台风活动路径范围内，每年频繁遭受台风带来的强风、暴雨和风暴潮侵袭，对沿海城市和农田造成严重破坏。西部山区由于地质构造复杂，地震活动频繁，常伴有山体滑坡、泥石流等次生灾害。南方丘陵和喀斯特地貌地区易受山洪和泥石流侵袭，喀斯特地貌的特殊性也使其容易出现地面塌陷等地质灾害。面对不同地貌引发的自然灾害，国家通过建立灾害监测和预警系统，及时识别自然灾害风险，并加强基础设施建设，如提高沿海城市的防洪排涝能力，加固山区的河堤和护坡，以减少自然灾害对人民生活的影响（唐晓春和唐邦兴，1994）。通过技术层面的灾害预警和应急响应，以及绿色发展和生态保护，国家致力于提高应对自然灾害的能力，推动人与自然和谐共生。

随着经济的快速发展和人口增长，中国主要地貌单元正面临着前所未有的挑战与危机。例如，黄土高原地区存在较为严重的水土流失问题等（沈国栋等，2010），而西南山区则地质灾害频发。除自然因素外，人为活动对地貌的影响更为强烈，如过度开发、环境污染和生态破坏。2020年被曝光的木里矿区非法采煤问题就是其中典型案例。为应对这些挑战，国家采取了一系列措施，包括加强法律法规建设，严格环境监管，确保资源开发的合法性和合规性等。在"美丽中国"生态文明建设的大背景下，开展地形地貌的原真性保护将是一项长期需要坚持的基础性工作。

2.2 中国气候要素的地理格局

2.2.1 中国气候总体格局

气候是自然生态系统不可或缺的组成部分，它直接关系到生态系统的稳定性和多样性。气候与美丽中国生态文明建设之间存在着密不可分的关系，在推进"美丽中国"生态文明建设的过程中，气候问题是不可忽视的一环。中国地域辽阔，跨越纬度分布较广，东靠世界上最大的大洋——太平洋，西有全球最高的高原——青藏高原，地势起伏较大，地貌类型复杂多变，既有戈壁沙滩，也有湿地草原，更有地理位置独特的青藏高原区。不同的纬度分布、海陆位置、大气环流和地形地貌相互影响、相互制约，导致了中国降水和气温的多种组合。按照气候类型划分，中国可以分为季风气候、温带大陆性气候和高寒气候，从而得到中国的三大自然区：东部季风区、西北干旱半干旱区和青藏高寒区，三者以400 mm年等降水量线、3000 m等高线和昆仑山-阿尔金山-祁连山为界；按照温度带划分，由南至北可以分为热带、亚热带、暖温带、中温带、寒温带和青藏高原独有的青藏高原气候区；按照干湿划分，可以分为湿润区、半湿润区、半干旱区和干旱区。由于多种因素的共同影响，同一个温度带内可能有不同的干湿区分布，相同的干湿区又可能同时包含不同的温度带，加上地形的复杂多变，中国气候差异显著，具有复杂多样性。

不同的气候类型之间差异很大，东部季风区背靠内陆高原，面向海洋，主要位于400mm等降水量线以东，包括地形第二级阶梯的黄土高原、四川盆地、云

贵高原、横断山区以及第三级阶梯的沿海平原和丘陵地区，南北跨度大，跨越近
50 个纬度，包括了热带、亚热带、暖温带、中温带到寒温带等多个温度带。季风
是在大区域内由于盛行风的季节变化而发生显著变化的现象，由于东亚季风的影
响，东部季风区夏季受到来自海洋的暖湿气流的影响，高温多雨；冬季受西伯利
亚冷高压的影响，北方冷气流盛行，寒冷少雨（宋友桂等，1998）。整体上，东
部季风区气候湿润，雨热同期，年降水量均超过 400 mm，季节变化大，集中在 6～
8 月（段连强等，2020）。

　　西北干旱半干旱区位于亚欧大陆内部，主要位于 400 mm 等年降水量线以西
以北，包括地形第二级阶梯的内蒙古高原、塔里木盆地和准噶尔盆地等。与东部
季风区相比，南北跨度小，跨越了中温带和暖温带，东西跨度大，来自海洋的湿
润气流被山脉阻挡，年降水量一般在 400 mm 以下，并从东向西减少，逐步由半
干旱变为干旱。整体上来说，受西风带影响的西北干旱半干旱区气候干旱，降水
稀少，气温年较差、日较差大，日照时间长、太阳能资源丰富。

　　青藏高原区是一个独特的地理单元，处于中国地形第一阶梯，位于横断山脉
以西、昆仑山脉与祁连山脉以南、喜马拉雅山以北，气候寒冷，空气稀薄，高寒
干燥，太阳辐射强，气温低而年日较差较大。年降水量不超过 900 mm，从东到
西、由南至北减少。三大自然区气候的显著差异反映了中国自然环境的多样性，
也对中国社会经济发展产生了深远影响。

　　东部季风区年均、春季和冬季降水量表现出明显的经纬度地带性特征，而夏
季和秋季呈现纬度地带性特征，且夏季降水变率较大；西北干旱半干旱区春季和
冬季降水量总体较少，年均、夏季和秋季降水量呈现出经度地带性特征；青藏高
寒区冬季降水量较少，春季、夏季、秋季降水量都呈现出经度地带性特征。东部
季风区年均降水量最大，年际变化较大，其次为青藏高寒区，西北干旱半干旱区
最小，且这两个区域年际变化较小。东部季风区季节降水量变化小，夏季与冬季
呈增加趋势，而春季和秋季呈减少趋势，西北干旱半干旱区春季、秋季和冬季降
水量都呈增加趋势，青藏高寒区除冬季外，其余季节平均降水量都呈增加趋势。

　　除此之外，地形的变化也会对气候产生较大的影响，如青藏高原的隆起就对
中国气候产生了深远而复杂的影响。青藏高原的隆起导致大气环流发生改变，形
成季风环流的同时加强西风带的波动（潘保田和李吉均，1996）。冬季，青藏高
原阻挡了来自较高纬度地区的冷空气，使其向南移动并向东扩散，从而加剧了中
国东部地区的冬季寒冷；夏季，高原的加热作用使得印度洋的暖湿气流被吸引向
北，增强了中国南方地区的湿润气候。同时，由于青藏高原的阻挡作用，四川盆
地一带冬季风速较小、空气湿度较大，易出现云雾天气；夏季则可能因西南暖湿
气流偏南流而导致干旱。而来自印度洋的西南季风难以到达西北地区，使得甘肃、
新疆等地气候干旱。

2.2.2　中国不同气候要素分布特征

1）热量要素

对于自然资源来说，热量资源是其重要的组成部分，区域的热量资源对当地的生态环境、农业生产和气候资源研究等起决定性作用，热量指标是用于衡量区域热量资源状况，描述和评估气候、大气环境以及其影响的重要参数。这些指标主要基于温度、积温等要素，能够反映一个地区热量资源的丰富程度及其变化特征。常见的热量指标有界定温度的积温及其持续时间、热量强度和极端温度等。

从总体上看，中国年均温分布呈现北冷南热的特征（图 2-3）。东北地区纬度较高，年均温较低。特别是大兴安岭和小兴安岭的北部地区，年均温在 0℃以下，甚至更低。秦岭—淮河一线是中国年均温的重要分界线，该线以南地区年均温在 15℃以上，属于亚热带地区；以北地区则年均温较低，属于暖温带地区。南岭以南的南部沿海地区，包括台湾岛南部、广东和广西南部、海南省以及云南南部等地，年均温相对较高，在 20℃以上，属于热带地区。而内陆地区，如塔里木盆地等地，由于地形封闭、冷空气难以进入，年均温相对较高，但这些地区的年均温仍然受到纬度和海拔等因素的影响。青藏地区由于海拔高、气候寒冷，年均温普遍较低，很多地方的年均温都在 0℃以下。

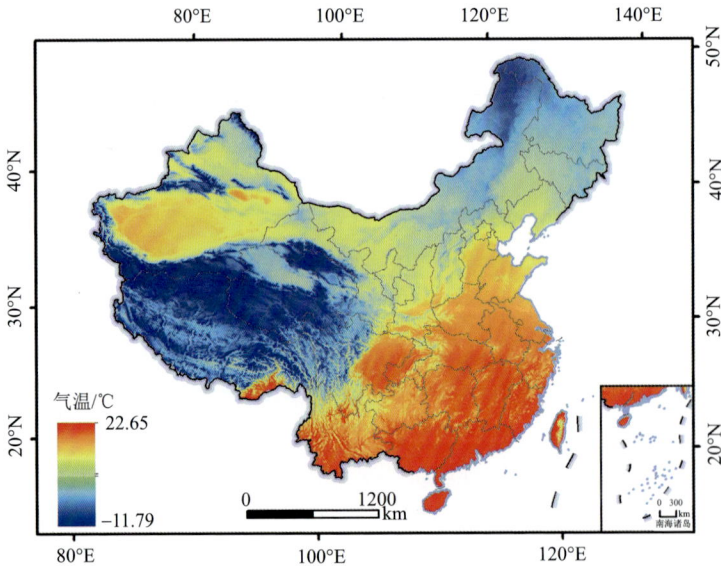

图 2-3　中国年均气温分布

10℃是喜温作物生长的起始温度，日平均气温超过 10℃的持续时间是喜温作物的生长期，因此日平均气温是否达到 10℃对农业有重要的意义。由于中国幅员辽阔，不同地区间地势高低相差较大，日平均气温稳定≥10℃的天数相较日平均气温稳定≥10℃的日积温，更能揭示中国气候的水平和垂直地带性差异（陈咸吉，1982）。中国日平均气温稳定≥10℃的天数呈现由南到北递减的趋势，最南的南海岛屿、海南、雷州半岛以及云南南部等地全年日平均气温稳定≥10℃，年积温超过 8000℃；南岭以南到金沙江河谷和云南南部的大部分地区一年中日平均气温稳定≥10℃的天数超过 285 天，年积温超过 6000℃；江南丘陵地区、江汉平原和四川盆地一年中日平均气温稳定≥10℃的天数超过 240 天，年积温超过 5000℃；江淮平原、河南南部及秦巴山地≥10℃的天数大多超过 220 天，年积温超过 4500℃；高原地区虽然海拔较高，但这些地区日平均气温稳定≥10℃的天数及年积温大多仍达 210 天和 3500℃以上；东北、内蒙古大部、宁夏北部、河西走廊及北疆地区≥10℃的天数及年积温分别超过 100 天和 1600℃。

2）干湿要素

区域的干湿程度取决于降水与蒸散发之间的关系，降水和蒸散发是地区水资源的主要来源和损失方式，对水文循环和水资源的变化有重要影响。量化干湿程度的常见指标有降水量、年干燥度和干旱指数等。

大气降水作为自然界中水循环的关键环节，是地球上众多地区最为重要且直接的水分补给来源。它不仅滋养了广袤的土地，还深刻影响着中国植物以及整个生态系统的空间分布格局。降水量作为最直接的水分来源指标，直观反映了地区的水分补给状况。受海陆位置影响，中国的年降水量呈现由东南向西北逐渐减少的趋势（图 2-4），东部季风区年均降水量最大，年际变化较大，其次为青藏高

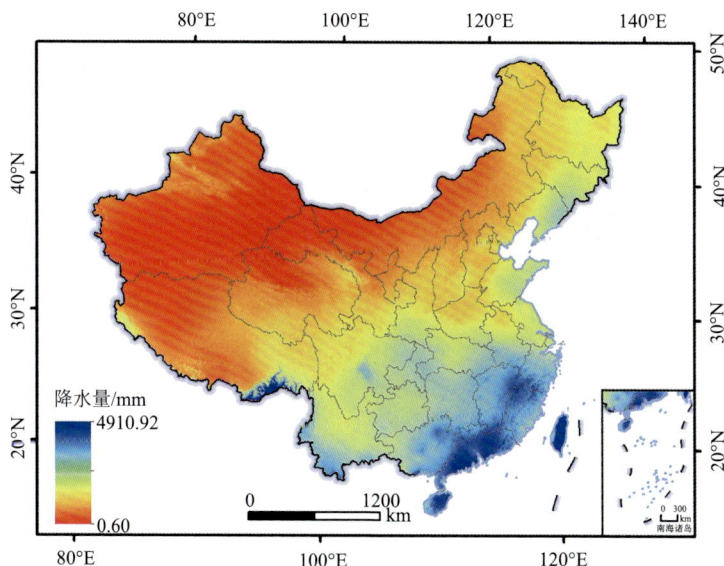

图 2-4　中国年均降水分布

寒区，西北干旱半干旱区最小，且这两个区域年际变化较小。例如，台湾东部山地可达 3000 mm 以上，其东北部的火烧寮年平均降水量将近 5000 mm，是中国降水最多的地方。而塔里木盆地年降水量少于 50 mm，其南部边缘的一些地区降水量不足 20 mm。东部季风区季节降水量变化有一定规律，夏季与冬季呈增加趋势，而春季和秋季呈减少趋势，西北干旱半干旱区春季、秋季和冬季降水量都呈增加趋势，青藏高寒区除冬季外，其余季节平均降水量都呈增加趋势。

　　干旱指数通常反映多年平均蒸发量与多年平均降水量之间的关系，根据干旱指数的不同值，可以将地区划分为不同的干湿等级。一般来说，干旱指数越大，表示该地区越干燥；反之，则越湿润。依据干旱指数，可以将中国分为湿润地区、半湿润地区、半干旱地区和干旱地区（图 2-5）。湿润地区的降水量远大于蒸发量，干旱指数较小，年降水量大，一般超过 800 mm，部分地区甚至超过 1600 mm。这些地区湿润多雨，河流湖泊众多，植被茂盛。半湿润地区干旱指数适中，年降水量适中，一般在 400～800 mm。这些地区降水季节性变化明显，夏季多雨，冬季少雨，主要包括华北平原、东北平原以及部分山地丘陵区。半干旱地区干旱指数较大，蒸发量大于降水量，年降水量较少，一般在 200～400 mm，水资源匮乏，降水稀少且不稳定，干旱频发，主要分布在内蒙古高原、黄土高原以及部分西北地区。干旱地区干旱指数极大，年降水量极少，一般不足 200 mm，降水稀缺且分布不均，干旱现象严重，主要分布在新疆、青海、西藏等西部内陆地区以及部分沙漠戈壁区。

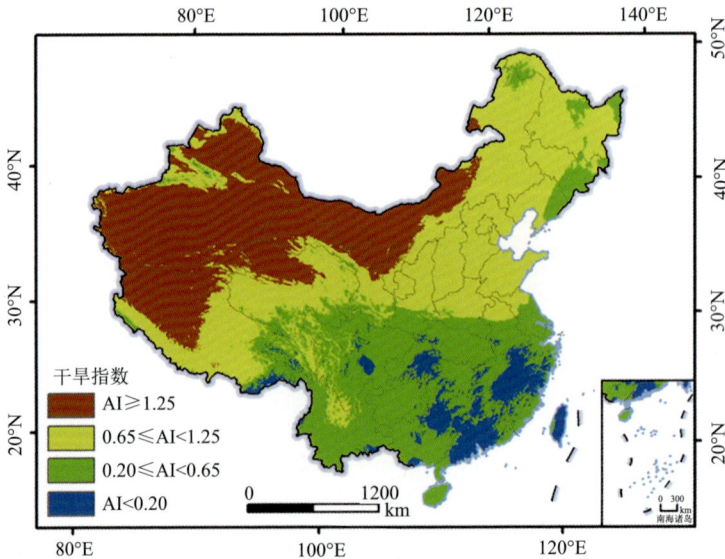

图 2-5　中国干旱指数分布

2.2.3　中国气候变化及其影响

在全球气候变暖的严峻背景下，中国的气候格局正经历着前所未有的变化，这一系列变化不仅加剧了自然环境的脆弱性，也给 "美丽中国"建设带来了更为紧迫和复杂的挑战。近年来，中国主要面临的气候变化有：年平均气温上升，区域降水波动增大，极端天气气候事件增多，暴雨洪涝、高温干旱、低温冷害、热带气旋、强对流、沙尘等出现了极端性强、区域性阶段性明显、异常情况多发频发等特点。气候灾害频发已经成为制约中国经济社会可持续发展和生态环境保护的重要因素，气候变化和极端天气成为全球最主要的中期和长期风险之一。

东部季风区是中国气候特征最显著的区域之一，受到气候变化的影响，降水的年际和季节变化增大，导致发生干旱、洪涝等灾害的频率增高，对当地生态环境、农业生产、社会经济以及民众生活构成了严峻挑战。2020 年夏季，长江流域受长时间连续降雨和强台风带来的暴雨天气影响，发生了严重的洪涝灾害；而在2022 年，长江流域则遭受了有史以来最严重的干旱，鄱阳湖、洞庭湖面积严重缩小，出现了"汛期反枯"的罕见现象。由于降水季节分配不均，2023 年华北地区发生极端暴雨，强降水引发的城市内涝和山洪滑坡等灾害造成了人员伤亡和经济损失，而同年 6 月中下旬至 7 月，华北地区的高温热浪使多地出现干旱，中暑、热射病多发。

在西北干旱半干旱区，气候变化的影响尤为突出。西北地区远离海洋，水汽难以到达，降水稀少，蒸散发强，沙漠戈壁对太阳加热迅速响应，加上位于全球干旱气候带，气候系统极其脆弱，对全球气候变化响应极为敏感。自 20 世纪 80年代以来，该地区平均气温升高速度加快，明显高于中国平均水平，同时，由于水汽平流增加，西北地区气候由"暖干"向"暖湿"转型，降水量、径流量持续增加，冰川积雪范围退缩，洪涝灾害增加，且 1996 年后变湿幅度增加，范围向季风区扩展，"暖湿化"趋势较为显著（陈发虎等，2023）。随着暖湿化的加剧，西北地区也面临了新的挑战和机遇。一方面，暖湿化改变了当地的区域气候条件和水循环，对干旱情况有所改善，增加了河流径流量、湖泊水位等水资源储量，促进植被生长，减少沙尘暴天气，有利于遏制生态退化。另一方面，气候变暖加剧了西北地区水文循环和水资源分配的时空不均性，发生极端天气事件的概率增加，如高温、暴雨和洪涝等自然灾害可能对当地社会经济造成严重影响，在降水较少的地区或降水增加不足以满足植被生长需求的地区，植被可能因蒸发加快而退化，带来新的风险（田佳西，2023）。

青藏高原分布有较多的冰川、积雪、湖泊和草地，是气候变化的敏感区和热点区。在全球变暖的背景下，特别是 21 世纪以来，青藏高原的气温呈现显著的增加趋势，且远高于中国平均增温，增温幅度是全球同期气温的 2 倍。随着气温上升，青藏高原的冰川整体后退，积雪消融，多年冻土面积减少，水循环不断增强。同时，青藏高原降水波动增加，南北差异较大，但整体降水量增加。多种证据表明，青藏高原正在不断变湿。青藏高原的暖湿化既加剧了季风的强度和范围，使得季风带来的水汽更加充足，有助于形成更多的降水，有利于生态系统的整体恢复和生物多样性的保护，也还可能引发冰湖溃决、滑坡、泥石流、山洪等灾害，对青藏高原的可持续发展提出了更高的要求（孟宪红等，2020）。

2.3　中国水文要素的地理格局

2.3.1　中国水文水资源总体格局

中国的水文水资源格局复杂多样，流域众多，包括西北诸河流域、黑龙江流域、辽河流域、海河流域、黄河流域、淮河流域、长江流域、西南诸河流域、东南诸河流域和珠江流域（图2-6）。西北诸河流域涵盖塔里木河、黑河等，地处新疆和青海，区域内气候较为干旱，河流径流量较小。黑龙江流域和辽河流域主要位于中国东北地区，水土资源良好，流域内的松嫩平原是中国主要的粮食产区。海河流域包括北京、天津及河北等地区，该区域地表水资源较匮乏，而工农业用水和居民需求量较大，是中国水资源供需矛盾较为突出的地区。黄河流域主要包含青藏高原东缘以及黄土高原地区，其中下游地区水土流失较为严重。长江流域、淮河流域以及东南诸河流域主要位于中国的中东部，流域内人口众多，社会经济

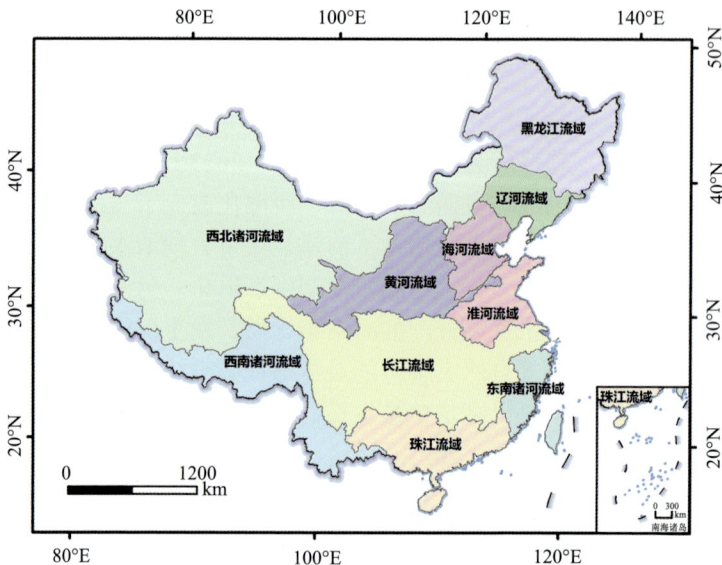

图 2-6　中国流域范围分区图

发达，是中国重要的农业区和工业基地。珠江流域则覆盖广东和广西，是中国南方的主要水系，对珠三角地区的工业和农业发展极为关键。西南诸河流域包括澜沧江、怒江等河流，流域内地势起伏大，水能资源极为丰富。

中国不同流域所处的自然地理环境迥异，决定了其所蕴含的水资源巨大差异。如果从不同水体对象视角分析，湖泊、水库、冰川等不同介质的水体也存在显著的空间差异特征。湖泊在中国的液态水资源系统中占有重要地位（图 2-7）。据统计，中国境内大于 1 km^2 的湖泊有 3700 余个，总面积约为 9.4 万 km^2，主要分布在青藏高原、长江中下游平原、东北平原和内蒙古高原等地区。其中，青藏高原是湖泊最为密集的区域，拥有众多的高原湖泊，如纳木错、色林错和青海湖等。长江中下游平原则是中国湖泊分布最为广泛的平原区，以鄱阳湖、洞庭湖和太湖等著名湖泊为代表。水库也是中国重要的液态水体之一，主要用于防洪、灌溉、发电和供水等。据统计，中国现有水库有 9.8 万余个，水库水域总面积约 5 万 km^2，总库容约 980 km^3（Song et al.，2022）。这些水库主要分布在中国的东部和中部地区，以三峡水库、小浪底水库和丹江口水库等大型水库为代表。这些水库不仅在调节水资源方面发挥了重要作用，还对地方经济发展和生态环境保护作出了巨大贡献。冰川是中国高寒地区重要的固态水资源储备，主要分布在青藏高原、天山和祁连山等高山地区。中国现有冰川约 4.8 万条，冰川面积约为 5.2 万 km^2，冰储量约为 4494 km^3；其中西藏为中国冰川分布最集中的地区，有冰川面积 2.8 万 km^2。中国冰川年均融水量约 563 亿 m^3，约占水资源总量的 20%，其对下游河流的径流具有重要的补给作用，尤其是在干旱和半干旱地区，如塔里木河和黑河流

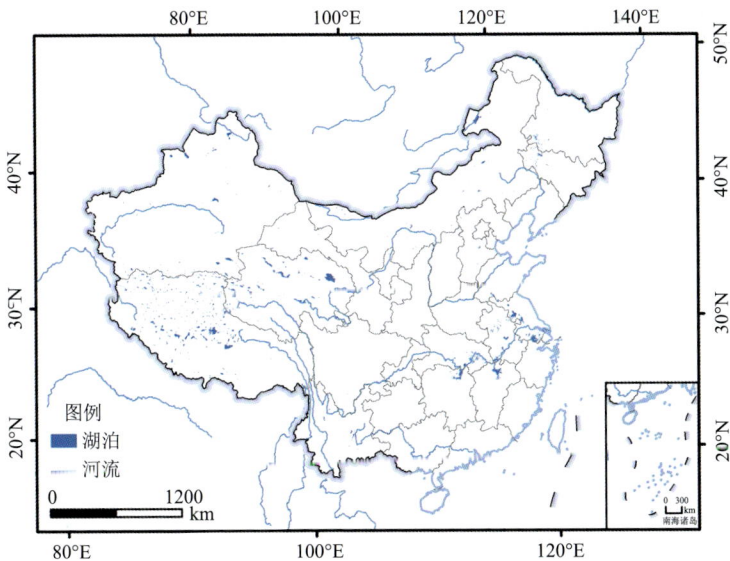

(a)

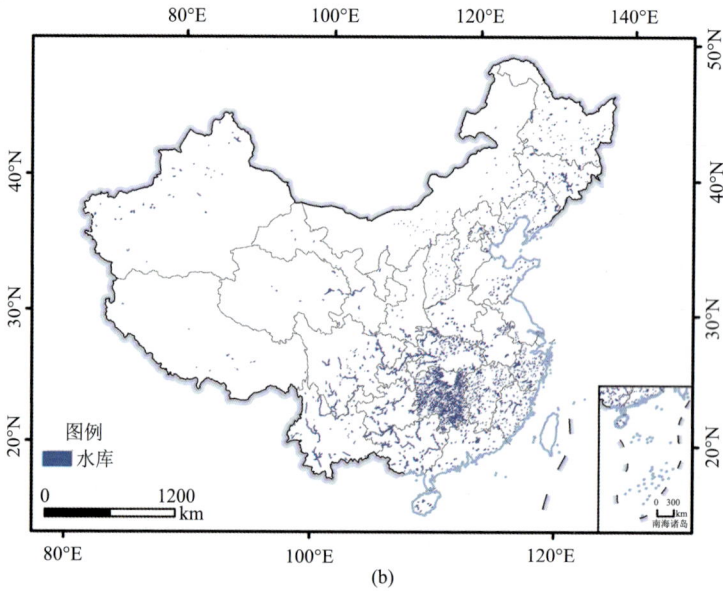

图 2-7　中国湖泊水库分布图

（a）湖泊；（b）水库

域，冰川融水是这些河流的主要水源之一。除了地表水，地下水也是水资源的重要组成部分。中国地下水总储存量约 52.1 万亿 m^3。北方地下淡水总储存量约 35.5 万亿 m^3，占全国总量的 95%，主要分布于鄂尔多斯盆地、东北平原、河西走廊、华北平原等地区，可为保障北方水安全提供战略储备。南方地下淡水总储存量约 1.9 万亿 m^3，仅占中国的 5%，主要分布于江汉洞庭平原、长江三角洲、成都平原等地区。此外中国还有约 14.7 万亿 m^3 的地下咸水储存量，主要分布在塔里木盆地、准噶尔盆地、柴达木盆地等地区。

2.3.2　生态文明建设背景下中国水安全现状

水安全保障是中国生态文明建设面临的关键问题，涉及水资源安全、水环境安全和水生态安全三个方面。水资源安全是指水资源的合理开发和可持续利用，以满足经济社会发展和生态环境保护的需求；水环境安全关注水体的质量及其健康状况；水生态安全是指水生态系统的稳定性和健康程度。

1）水资源安全

中国的水资源安全是生态文明建设的重要内容，涉及水资源的合理开发和可持续利用，以满足经济社会发展和生态环境保护的需求。中国的水资源总量丰富，但空间分布极不均衡。2002 年，中国水资源总量约为 2.8 万亿 m^3，人均水资源量约为 2200 m^3。然而，水资源的空间分布差异显著。南方地区的长江、珠江、闽江等流域水资源丰富，占中国水资源总量的 80%以上。这些地区降水充沛，河流湖泊众多，水资源开发利用条件良好。北方地区的黄河、淮河、海河等流域水资源相对匮乏，占中国水资源总量的不到 20%。这些地区降水量少且年际变化大，水资源供需矛盾突出，特别是黄河流域和华北平原地区，水资源短缺严重影响农业生产和居民生活。

东部沿海地区经济发达，人口密集，水资源开发利用程度高，但水资源量相对充足，如长江三角洲、珠江三角洲等地区。西部地区地广人稀，水资源丰富，开发利用程度低，但由于地形复杂，水资源开发难度较大，如青藏高原和新疆地区。此外，中国降水季节分布不均，降水集中在夏季，特别是南方地区，夏季降水量占全年总降水量的 60%以上，而北方地区降水量的年际变化更为显著，旱涝灾害频发，对农业生产和水资源管理提出了更高的要求。

随着经济社会的发展，工业、农业和生活用水需求不断增加，特别是在干旱和半干旱地区，水资源供需矛盾更加突出。中国人均水资源量低于世界平均水平，特别是北方地区，人均水资源量更加不足，远低于国际水资源短缺标准。

2）水环境安全

水环境安全是指水体的质量和健康状况，而水体污染是水环境安全的主要威胁之一。随着工业化和城市化进程的加快，工业废水、生活污水和农业面源污染等成为水污染的主要来源。工业废水中含有大量有害化学物质，如重金属、有机污染物等，未经处理或处理不当的废水排入河流、湖泊，导致水体污染严重。生活污水含有大量的有机物和氮、磷等营养物质，直接排放会引起水体富营养化，导致水质恶化和水生生态系统失衡。农业面源污染主要来源于农药、化肥的过量使用，雨水冲刷后进入水体，造成水质污染。此外，一些地方的采矿、建设等活动也对水环境造成了不利影响。

水质恶化是水环境安全问题的直接表现。据统计，部分河流、湖泊和地下水水质不达标，尤其是一些工业集中的地区和农业发达的地区，水质问题尤为突出。水质恶化不仅影响居民饮用水安全，还对农业灌溉、工业生产和生态环境产生负面影响。在生态文明建设的大背景下，水污染问题得到了有效遏制，但水污染防治任务依然任重道远。

水生态系统退化是水环境恶化导致的深层问题。健康的水生态系统具备自净能力和生态调节功能，是维持水环境安全的重要屏障。然而，由于过度开发、污染和气候变化等因素，许多河流、湖泊和湿地生态系统遭到破坏，生物多样性减少，生态功能下降。例如，湖泊的富营养化导致藻类大量繁殖，鱼类和其他水生生物栖息环境恶化；湿地的减少导致水鸟等野生动物失去栖息地，生态平衡被打破。保护和恢复水生态系统是实现水环境安全的重要内容。

3）水生态安全

水生态安全是指水生态系统的稳定性和健康程度，是生态文明建设的重要内容之一。水生态系统包括河流、湖泊、湿地、沼泽等，具有调节气候、净化水质、提供栖息地等多种生态功能。保障水生态安全对于维护生物多样性、维持生态平衡和促进可持续发展具有重要意义。

中国的水生态系统具有显著的区域差异和多样性。长江、黄河、珠江等大江大河及其支流流域，构成了复杂的水生态网络。青藏高原、云贵高原和内蒙古高原等地区，则分布着众多的湖泊、湿地和冰川。不同的水生态系统不仅在地理分布上各具特色，在生态功能和生物多样性方面也呈现出多样性。

然而，随着人类活动的加剧，许多水生态系统遭受了不同程度的破坏，水生态安全面临严峻挑战。河流生态系统的断流和污染问题突出。由于过度取水、水利工程建设和污染排放，许多河流出现了季节性断流，水质恶化，影响了水生生物的生存和繁殖。例如，黄河流域在 20 世纪末出现了严重的断流现象，对沿河地区的生态和生产生活造成了重大影响。湖泊和湿地的萎缩和退化问题也十分严重。湖泊和湿地是重要的水生态系统，具有蓄水、调节气候、维护生物多样性等功能。然而，由于围湖造田、过度捕捞、水污染等，许多湖泊面积缩减，水质下降，生态功能退化。例如，洞庭湖和鄱阳湖等大湖泊在近年来水位波动剧烈，湿地面积大幅减少，影响了候鸟等野生动物的栖息地。此外，兴修水库对水生态系统的影响也不容忽视。水库在调蓄水资源、防洪和发电方面发挥了重要作用，但也改变了河流的自然流态，影响了水生生态系统的健康。水库上游可能引起水体富营养化，下游可能导致河道干涸和生物栖息地的丧失。

2.4　中国土壤要素的地理格局

2.4.1　中国主要土壤类型

土壤是中国最重要的自然资源，它是农业发展的物质基础，是建设美丽中国必须考虑的重要因素。中国幅员辽阔，具有丰富多样的土壤类型。由于中国冬季在西北气流的控制下，广大地区寒冷干燥，而夏季受东南、西南季风的影响，东部和中部地区高温多雨，在多种自然环境条件的综合作用下，中国土壤类型呈现出明显的水平地带分布和垂直地带分布的特点。

中国的土壤类型丰富多样，各具特色，不同类型的土壤适宜不同的农作物和生态系统。土壤分类有助于科学合理地利用和管理土壤资源，促进农业生产和生态保护的可持续发展。如图 2-8 所示，红壤系列是中国南方热带和亚热带地区的重要土壤资源。棕壤系列则广泛分布于中国东部的湿润地区，主要在森林覆盖下发育，包括黄棕壤、棕壤、暗棕壤和漂灰土等类型，且从南到北，形成了这一系列的土壤类型。褐土系列包含褐土、娄土、黑垆土和灰褐土，这些土壤在中性或碱性环境中积累腐殖质。黑土系列主要分布在中国温带的森林和草原区域，尤其是在东北地区面积最广，适合农业、牧业和林业发展，其中黑土、黑钙土和白浆土是农业发展的重要土壤类型。栗钙土广泛分布于中国北方的草原地区。漠土系列是中国西北荒漠地区的重要土壤资源。潮土以前称浅色草甸土，主要种植小麦、玉米、高粱和棉花，主要分布在黄淮海平原、辽河下游平原、长江中下游平原等地。灌淤土主要存在于中国半干旱地区平原，以春季作物为主，如小麦、玉米和糜谷，主要分布于银川、内蒙古河套及辽西平原。盐碱土系列分为盐土和碱土，盐土主要分布在北方的干旱和半干旱地区，特别是内蒙古、宁夏、甘肃、青海和新疆，华北平原和汾渭谷地也有少量分布。碱土分布较少，主要零星分布于盐土地区，表层盐分一般不超过 0.5%，但土壤溶液中普遍含有苏打。岩性土包括紫色土、石灰土、磷质石灰土、黄绵土（黄土性土）和风沙土，其中紫色土发育在紫红色岩层上，四川盆地分布最广，在南方其他省份的盆地中也有分布。石灰土在石灰岩上发育，主要分布在广西、贵州和云南的热带和亚热带湿润地区。黄绵土也称黄土性土壤，广泛分布于黄河中游的丘陵地区。风沙土主要分布在中国北部的半干旱、干旱和极干旱地区。高山土是指青藏高原及类似海拔高山的垂直带上林线以上或无林高山带的土壤，包括亚高山草甸土、高山草甸土、亚高山草原土、高山草原土和高山漠土。亚高山草甸土分布在青藏高原的东部和东南部，是高原优良牧场，同时也是小麦等作物的高产土壤。高山草甸土主要分布在高原平缓的

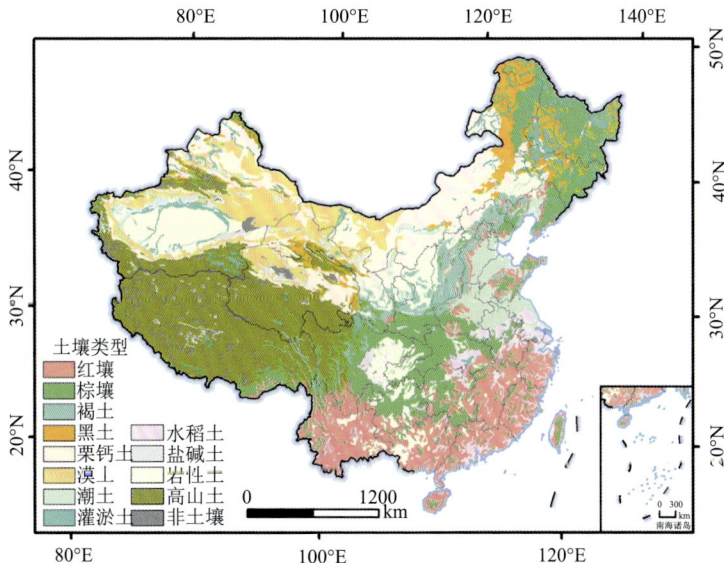

图 2-8　中国土壤类型分布图

山坡上，土体湿润，生长高山矮草草甸。亚高山草原土主要分布在喜马拉雅山北侧的高原宽谷湖盆，植被为干草原类型。高山草原土主要分布在羌塘高原东南部和喜马拉雅山前地带，而高山漠土则主要分布在西藏的羌塘高原。

2.4.2　中国土壤属性

土壤属性对生态系统、农业生产、环境保护和人类生活具有重要影响。了解和管理土壤属性有助于优化土地利用，提高农业产量，保护环境，促进可持续发展。土壤属性反映了土壤的状况，包括土壤有机碳含量、酸碱度、氮磷钾含量、阳离子交换容量、容重、粗碎粒、可用水容量、电导率和土壤质地等（Liu et al.，2022）。在中国，土壤酸碱度从东南向西北呈逐渐上升趋势，西北和北部干旱气候条件下的土壤呈碱性，南部和东北山区的土壤呈酸性。中国沙漠地区为极碱性土壤，东南部山区和丘陵地区为极酸性土壤。青藏高原东部、中国东北部和天山地区的土壤有机碳含量最高，西北部沙漠地区的含量最低。土壤有机碳含量从东南向西北呈递减趋势，这与东南季风的影响一致。此外，中国东部南、北方差异显著：以水田和森林为主的南部地区，其土壤有机碳含量预测值显著高于以旱地为主的北部地区，尤其在水深小于 30 cm 的区域更为突出；且大部分地区的土壤有机碳含量随深度增加而快速降低。

土壤氮含量的变化规律与土壤有机碳含量相似，但从青藏高原东部向东和向南的递减趋势更为缓慢。南方的土壤磷含量较低，而其他地区的土壤磷含量较高。中国西南地区的沉积岩富含磷，因此在这些沉积岩上形成的土壤的磷含量相对较高。而在中国南方地区，由于土壤风化和沥滤程度较高，土壤的磷含量通常较低。积累了大量有机物的高寒山区的土壤磷含量相对较高。由于植物根系从底土吸收磷，然后以有机残留物的形式返回地面，因此预计大多数地区的土壤磷含量会随着深度的增加而降低。施肥也会增加耕作层中的磷含量，在华北平原，浅层耕作层中的磷含量明显高于深层耕作层。土壤钾含量从南到北呈上升趋势，山区的土壤钾含量相对较高。由于土壤钾主要与可风化的矿物质有关，因此在土壤学上较年轻的土壤通常钾含量较高，而热带和亚热带季风区的土壤钾含量较低。中国最南端的三个省区（海南、广东和广西）的土壤钾含量最低，而中国东北地区的土壤钾含量最高。

中国由南至北、从西到东的土壤阳离子交换容量总体呈上升趋势。高寒地区（如青藏高原东部）的土壤阳离子交换容量相对较高，这主要是由丰富的有机质积累所致。华中地区的阳离子交换容量值高于华北和华南地区，主要是由于其黏土矿物的差异。东南部的土壤阳离子交换容量相对较低，原因是气温高、降雨多，导致可交换物质的浸出损失大。与其他地区相比，高寒地区的阳离子交换容量随深度的增加下降得更快，这是因为有机物随深度的增加而显著减少。中国从北到

南土壤容重总体呈下降趋势。气候干旱、土壤有机质含量低的内蒙古中部地区在
0～5 cm 深度的预测值最高；气候高寒、土壤有机质含量高的青藏高原东部地区
在该深度的预测值最低，并随着深度的增加而增加。

中国山区（如青藏高原、大兴安岭和小兴安岭）的粗碎粒含量较高，而平原
（如华北平原、东北平原和长江中下游平原）和沙漠的粗碎粒含量较低。大部分地
区 0～5 cm 和 5～15 cm 层的预测粗碎粒含量较低。随着土层深度的增加，粗碎粒
含量也会增加，尤其是在山区。中国北方的土壤厚度将远大于南方，东部的土壤
厚度也将远大于西部。黄土高原和华北平原的土壤厚度最大，其次是东北平原、
长江下游平原和珠江三角洲平原，沙漠和高山脊的土壤厚度最小。

土壤质地是指土壤中不同粒径的矿物颗粒（砂粒、粉砂和黏粒）的相对比例。
根据土壤颗粒的大小，土壤质地可以分为砂土、壤土和黏土三大类。中国幅员辽
阔，地形复杂，气候多样，因此土壤质地也呈现出多样性和区域性的特点。砂土
含砂量大于 70%，颗粒粗大，透水性和透气性很好，一般分布在中国北方的沙漠
和半沙漠地区，如新疆与内蒙古等地。粉砂土含粉砂量介于砂土和黏土之间，质
地松散，透水和透气性皆较好。粉砂土主要分布在黄土高原地区，容易造成水土
流失，需要进行水土保持工作。黏土含黏粒量大于 40%，质地细腻，透水性和透
气性较差，但水土保持能力更好。黏土主要分布在中国南方的水稻种植区，如长
江中下游平原与珠江三角洲等地。壤土的砂粒、粉砂和黏粒的比例适中，同时具
有砂土和黏土的优点，透水性和水土保持能力均较好，肥力也较高。壤土主要分
布在东北平原、华北平原和西南山地，适宜农作物的种植，尤其是玉米和大豆。

2.4.3　中国土壤保护面临的主要问题

虽然中国土壤资源丰富，但也面临土壤侵蚀严重、土壤肥力下降、土壤盐碱
化加剧等问题，对生态文明建设，特别是粮食安全造成严重威胁。土壤侵蚀是土
壤在外力作用下发生移动、流失的过程，是全球普遍存在的环境问题。中国由于
地形复杂、气候多样，加上不合理的土地利用和管理，土壤侵蚀问题尤为严重（赵
晓丽等，2002）。为建设美丽中国，解决土壤侵蚀问题迫在眉睫。根据《中国水
土保持公报（2024 年）》，截至 2024 年，中国水土流失面积 260.19 万 km²，占
国土面积（未含香港、澳门特别行政区和台湾省）的 27.17%。中国西部的土壤侵
蚀最为严重，由西向东侵蚀面积和强度都呈现降低趋势。中国的水土流失面积中，
水力侵蚀面积为 105.10 万 km²，占水土流失总面积的 40.39%；风力侵蚀面积为
155.09 万 km²，占水土流失总面积的 59.61%。各强度等级水土流失面积中，轻度、
中度、强烈及以上等级侵蚀面积分别为 171.05 万 km²、42.54 万 km²、46.60 万 km²，
其中轻中度水土流失面积占水土流失总面积的比例为 82.09%。土壤侵蚀导致肥沃

的表土层流失，土壤肥力下降，而表土层中含有丰富的有机质和养分，是植物生长的关键土层，其流失直接影响农作物的产量和质量。此外，侵蚀破坏了土壤的团粒结构，降低了土壤的保水保肥能力，进一步影响农作物的生长。据统计，全球每年约有 750 亿 t 土壤流失，其中中国土壤的流失速度比自然补充速度高约 57 倍。被河流带走的土壤在下游河道大量沉积，导致河床泄洪能力大幅度下降，从而加剧洪水的危害。严重的土壤侵蚀还会导致洪水、泥石流等极端事件的发生，给人类生命财产安全带来严重的危害。

相对而言，土壤肥力的变化更加隐蔽，但其影响不容忽视。土壤肥力是指土壤为植物提供必要的养分、水分、空气以及热量的能力，是农业生产的基础。中国幅员辽阔，气候和地形多样，土壤肥力状况也因地域不同而产生差异。中国东北地区、长江中下游平原以及西南地区土壤肥力较高，而黄土高原和西北干旱地区土壤肥力较低。但近年来，中国土壤肥力总体呈下降趋势，威胁着粮食安全和生态环境（沈仁芳等，2020）。土壤肥力由土壤有机质含量以及土壤养分状况决定，中国多数地区存在土壤有机质含量下降的问题，尤其是北方农田，这导致土壤肥力和生产能力受到影响。许多农田区域氮肥使用过量，而磷肥与钾肥使用不足，导致氮磷钾主要养分比例不均衡，降低了土壤肥力。此外，中国农业长期过量地使用化肥，化肥使用量居世界前列，导致土壤养分失衡和环境污染问题，尤其是酸性肥料，导致土壤酸化问题日益严重，影响作物生长。在一些干旱以及半干旱地区，灌溉水质差和不合理的灌溉方式，导致土壤盐碱化的问题较为普遍。过度的耕作和机械化作业破坏了土壤结构，从而引起土壤板结，导致土壤肥力和水土保持能力下降。农业与工业的污染物大量进入土壤，导致土壤金属污染、有机物污染等，影响了土壤肥力和农产品安全问题。土壤肥力是维持生态系统健康和功能稳定的基础，直接影响植物生长、水循环、碳循环以及养分循环等多项生态系统功能。通过采取科学合理的保护性耕作、合理施肥、土壤改良、水资源管理和污染治理等措施，可以有效提升土壤肥力，促进农业生产的可持续发展。保护土壤肥力也是实现生态环境保护、减缓气候变化和促进可持续发展的重要措施，确保土壤资源的可持续利用和生态系统的健康发展。

此外，土壤盐碱化也是影响中国土壤安全的一个突出问题。土壤盐碱化是指土壤中可溶性盐分积累过多，导致土壤理化性质恶化，从而影响作物生长和农业生产力的问题。中国是一个盐碱土分布广泛的国家，土壤盐碱化问题对农业和生态环境造成了显著影响（马凯和饶良懿，2023）。中国土壤盐碱化问题主要发生在西北、华北和东北等地区，涵盖新疆、甘肃、内蒙古、宁夏、河北、山东、河南、辽宁、吉林等省区。其中以新疆、内蒙古、甘肃和宁夏等西北地区土壤盐碱化最为严重。土壤盐碱化的成因有很多，包含自然因素与人为因素。干旱以及半干旱地区降水量少而蒸发量极大，深层土壤中的盐分极易上升并在土壤表层积累。

内陆盆地等低洼地区容易积聚盐分，导致土壤盐碱化。含盐量较大的地下水通过毛细作用上升到土壤表层也会导致盐分积累。人为因素在一定程度上加剧了土壤盐碱化，不合理的灌溉方式和含盐量高的水源导致土壤盐分进一步积累。排水系统设计不合理导致地下水位上升，盐分进一步在表层积累。此外，土地的过度开垦和不合理的利用方式破坏了土壤结构，加剧了土壤盐碱化。中国土壤盐碱化治理具有重要意义，不仅关系到农业生产、生态环境保护，还关系到经济发展和社会稳定。土壤盐碱化影响了植物群落结构和生态功能，减少了生物多样性，破坏了生态平衡，通过治理盐碱化的土壤可以恢复和保护生态系统，促进动植物的多样性，维持生态系统的平衡和稳定。

2.5　中国生态要素的地理格局

2.5.1　中国生态分布总体格局

生态功能区保护是建设美丽中国的重要工作，根据土地利用现状调查，全国重点生态功能区内各类生态用地面积在 2010～2020 年显著增加。总体来看，中国的生态状况呈现从西北到东南逐级优化的格局。其中生态良好的区域集中在海拔较低且降水充足的平原及山脉地区，如秦岭山脉、东南沿海、长江中下游平原、东北平原与大兴安岭等地区。而内陆干旱以及高海拔地区生态环境较差，如内蒙古高原、塔里木盆地以及准噶尔盆地等地区。21 世纪以来，中国先后启动了天然林保护、退耕还林还草和退田还湖等一系列生态保护与恢复工程，保障了中国的生态系统格局。

中国生态系统复杂多样，空间差异大。生态差异主要受自然因素影响，受东亚季风影响，中国形成东部湿润、西部干旱、青藏高原寒冷的气候特点，中国可以分为三个生态大区：东部湿润、半湿润生态大区，西北干旱、半干旱生态大区和青藏高原高寒生态大区（傅伯杰等，2001）。在此基础上，结合中国自然地域特点、区域环境问题以及人类活动等状况，中国的一级生态大区可以进一步划分为 13 个二级区。如图 2-9 所示，其中东部地区包含 6 个二级区，分别为寒温带湿润针叶林生态地区（01，01）、温带湿润针阔混交林生态地区（01，02）、暖温带湿润、半湿润落叶阔叶林生态地区（01，03），亚热带湿润常绿阔叶林生态地区（01，04）、热带湿润雨林、季雨林生态地区（01，05）以及南亚季风湿润、半湿润常绿阔叶林生态地区（01，06），这 6 个二级区进一步可以划分为 35 个三级区。西部地区包含 4 个二级区，分别为半干旱草原生态地区（02，01）、半干旱荒漠草原生态地区（02，02），干旱半荒漠生态地区（02，03）以及干旱荒漠生态地区（02，04），这 4 个二级区进一步可以划分为 12 个三级区。青藏高原区可以划分为 3 个二级区，分别为青藏高原森林、高寒草甸生态地区（03，01），青藏高原高山草原、高寒草甸生态地区（03，02）以及青藏高原高寒荒漠、半荒漠生态地区（03，03），这 3 个二级区进一步可以划分为 10 个三级区。结合生态分区，综合气候、地形、土壤、植被、人类活动等因素，中国的陆地生态系统可以分为八大类，分别为森林生态系统、灌丛生态系统、草地生态系统、湿地生态系统、农田生态系统、城镇生态系统、荒漠生态系统以及冻原生态系统。其中森林、草地、荒漠和农田是中国主要的生态系统类型。不同生态系统在生态环境保护和资源利用中发挥着重要作用。合理利用和保护这些生态系统，对于保障中国生态安全、促进经济社会可持续发展具有重要意义（欧阳志云，2017）。

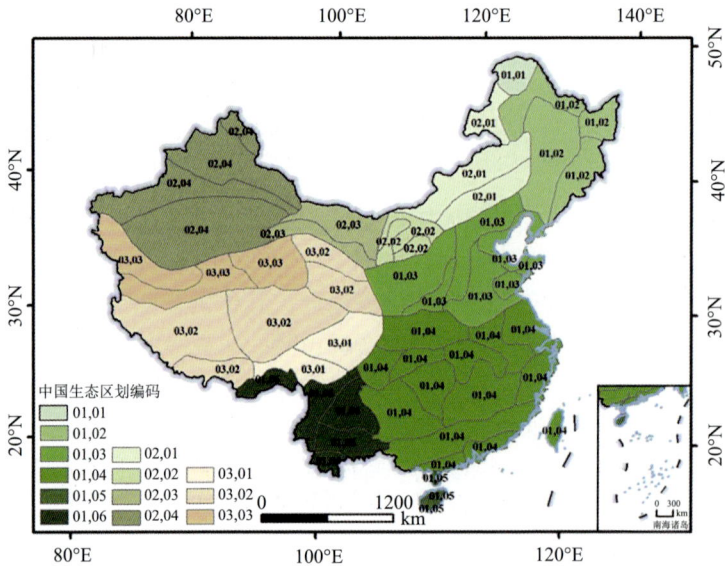

图 2-9　中国二级生态分区图

2.5.2　典型生态系统面临的问题

虽然中国拥有丰富多样的生态系统，但由于多种自然和人为因素的影响，这些生态系统正面临诸多问题。草地生态系统是中国最大的生态系统，分布广泛，具有重要的生态、经济和社会功能。虽然草地面积未显著减少，但生产力与生态功能持续退化（白永飞等，2020）。畜牧业发展，许多草原地区存在过度放牧现象，牧草资源被过度利用，导致植被覆盖率降低，土壤裸露，生态功能减弱。不合理的土地利用导致草地被开垦为农田，生态系统破碎化，引起草地生态功能退化。草地功能退化和土地利用方式的改变进一步导致野生动植物的栖息地减少，许多物种的生存环境遭到威胁，生物多样性显著下降。此外，草地退化导致土壤结构破坏，土壤肥力下降，植被恢复困难，生态环境恶化。人类活动干扰也是草地生态系统退化的重要因素，工业化和城市化占用了大量的草地，导致草地面积减少。公路、铁路和水利工程等基础设施的修建破坏了草地生态系统，导致生态连通性下降。草地生态系统对于维持生态平衡、促进经济发展和保护人类健康具有重要意义，因此草地生态系统的保护是建设美丽中国、促进人与生态和谐发展的重要举措。

森林生态系统是中国第二大生态系统，是大量动植物和微生物的栖息地，构成了丰富的生物多样性。森林生态系统的稳定对于人类的生存作息同样有着至关重要的作用，是缓解全球气候变暖的主力军，同时具有水资源调节、土壤保护、气候调节等功能。森林生态系统是森林植物区系对特定地区环境条件的综合反应，也是森林植物对自然环境长期互相适应的结果（王效科等，2001）。从图 2-10 可以发现中国的森林面积在 1992~2022 年没有退化，甚至处于一个缓慢增长的趋势。但中国森林生态系统面临人工化加剧的问题，原始森林与自然森林的面积持续减少，而人工林的面积却在持续上升，导致森林质量低下，随之而来的是森林生态系统脆弱的问题。为了满足不断增长的人口的需求，许多森林被开垦为农田，导致森林生态系统功能的丧失。城市扩张和基础设施的修建占用了大量的森林土地，使森林生态系统的完整性遭到破坏。此外，工业排放的污水和交通污染物进入森林生态系统，污染水体，影响植物的生长健康。森林作为地球陆地上最主要的植被类型之一，不仅是生物圈的重要组成部分，也是陆地生态系统的主体。森林在维持生物圈的稳定、改善生态环境方面起着重要作用，森林生态系统也是陆地生态系统中生物量最大的自然生态系统，为人类活动提供了多种直接和间接的产品。通过合理规划森林资源的利用，科学管理森林资源，保障森林生态系统的生态功能和社会价值，是建设美丽中国的必要举措。

2009~2014 年，荒漠生态系统面积占全国总面积的 17% 左右，主要分布在西北地区，包括新疆、甘肃、内蒙古、青海和宁夏等地，近年来正逐渐减少。荒漠地区降水稀少但蒸发量极大，昼夜温差显著，气候条件极端。荒漠生态系统的土壤通常缺乏有机质和养分，质地粗糙，水土保持能力差，因此植物种类少且分布稀疏，多为耐旱性强的灌木、草本植物和多肉植物。尽管荒漠生态系统环境极端，但其生态功能和生物多样性仍然具有重要意义。荒漠生态系统存在许多特有的濒危物种，同时荒漠植被也具有一定的碳汇功能。荒漠生态系统也面临着问题，全球气候变暖加剧了荒漠地区的干旱和沙化进程，破坏了生态系统的稳定性。过度放牧、滥垦土地、矿产开发以及城市扩张等人类活动加剧了荒漠化和生态退化。保护荒漠生态系统对于维持生态平衡具有重要意义，通过加强荒漠化防治、合理利用资源可以有效保护荒漠生态系统，促进生态环境的可持续发展（程磊磊等，2020）。

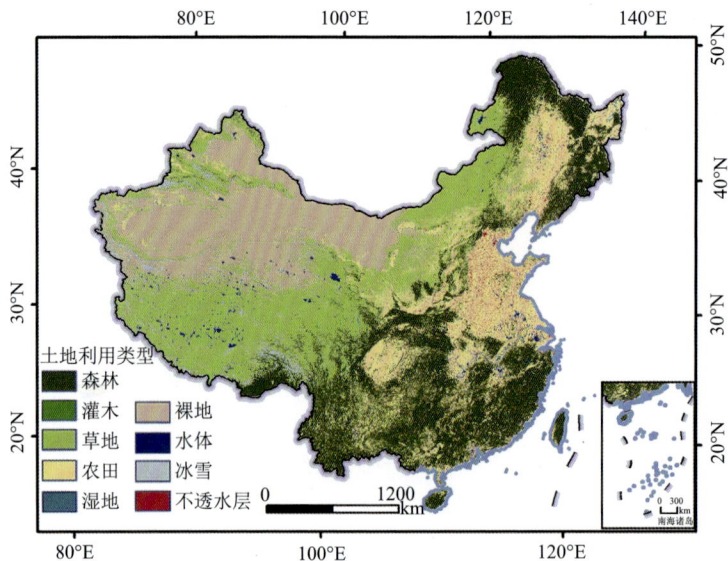

(a)

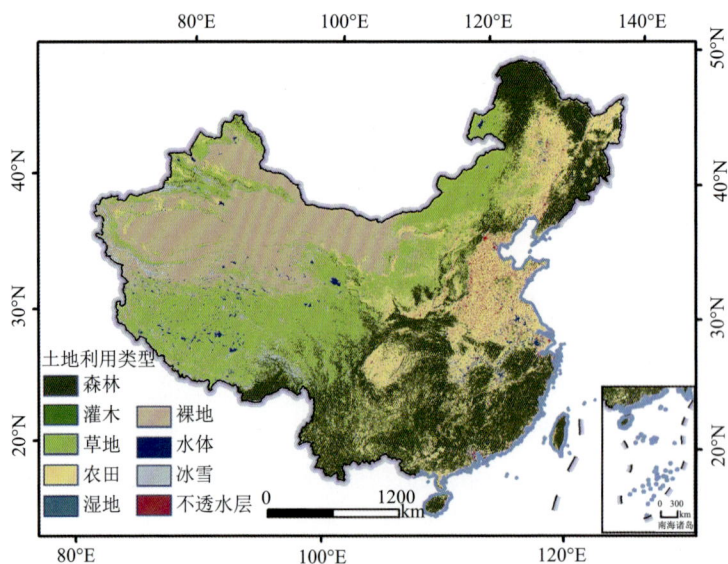

(b)

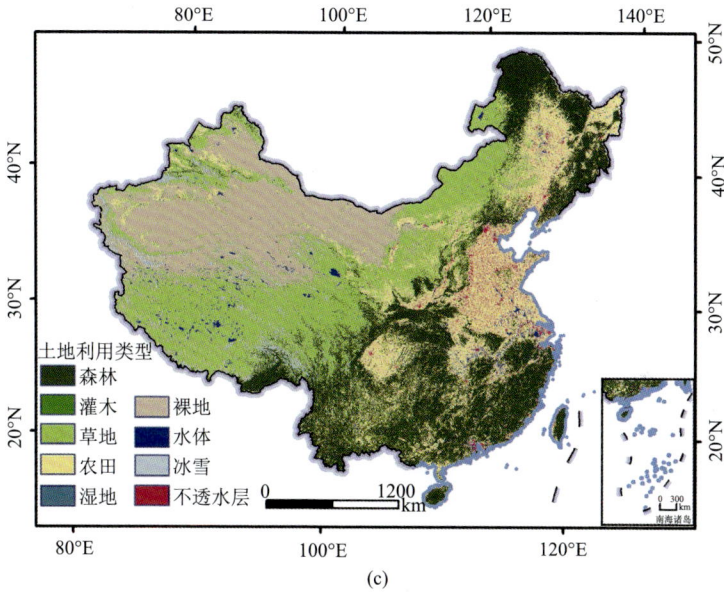

(c)

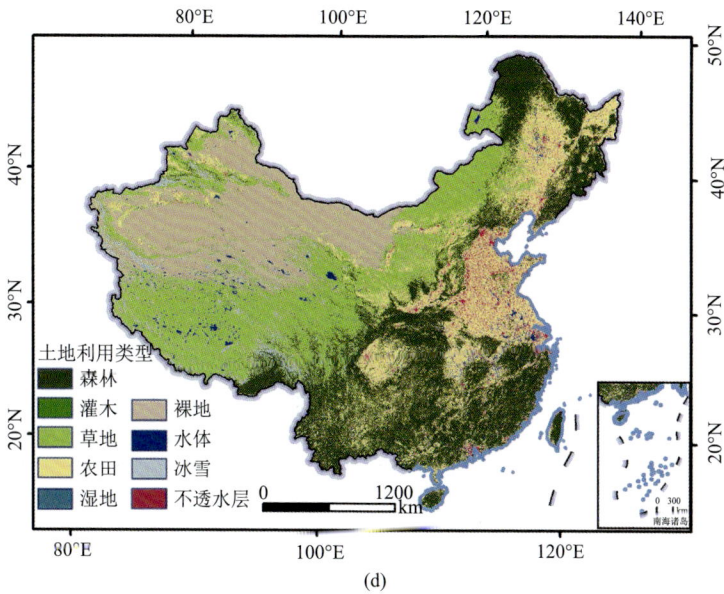

(d)

图 2-10　中国 1992～2022 年的地表覆盖变化

（a）1992 年；（b）2002 年；（c）2012 年；（d）2022 年

第3章 中国生态文明建设原真地理特征概念内涵

3.1 原真地理特征基本概念

原真性概念最早源于哲学领域，随后逐渐在旅游科学、文化和遗产保护等领域得到推广应用。近年来，原真性概念在自然地理景观和生态系统保护中得到广泛重视，原真性已成为生态环境保护与修复的基本参照和重要评价指标。在美丽中国生态文明建设中，尊重、顺应、保护自然是需要遵循的首要条件。其中，"自然"一词究竟指的内容是什么？怎样明确要尊重、顺应、保护的对象？对象的内涵和边界怎样去定义？为了回答这些问题，本书参考原真性、自然性、地理特征等名词内涵，将美丽中国生态文明建设应尊重、顺应和保护的对象命名为原真地理特征。

从上述角度出发，原真地理特征可理解为未受人类活动大规模影响或破坏的地理特征。地理特征是反映或代表区域的典型特点，包括具有独特价值的自然环境状态、社会经济条件、开发利用与保护情况等内容。其中，自然环境状态包括原真地理特征所在区域的地形地貌、气候气象、水文、土地覆被、土壤，以及生物多样性等；社会经济条件包括原真地理特征所在区域的行政区划、经济、人口、民族文化等；开发利用与保护情况包括原真地理特征区域的交通设施、重大工程，原真及保护状态以及存在的问题与面临的威胁等。这些地理特征是地球演化历史重要阶段的典型例证，代表着正在发生的重要地质现象、生物演化过程以及人地关系变迁，承载着独特、稀有、绝妙的自然景观和地理事物。在美丽中国建设的时代背景下，原真地理特征是地理学者对"美丽中国"中美的高度抽象和凝练，是生态文明建设中应该予以优先考虑、积极保护、合理利用的地理要素。

当前，美丽中国建设为原真地理特征研究赋予了新的内涵，对原真地理特征的研究具有紧迫性与必然性。原真地理特征的研究主要包含了原真地理特征分类分级标准、原真地理特征调查方法、原真地理特征的测度指标、原真地理特征的时空分异规律、原真地理特征区划等。开展以上相关研究必须要构建合理可行的原真地理特征单元划分体系，该体系既要能够体现原真地理特征的基本定义和科学内涵，同时也要能够具有可推广性、易操作性，能够服务于美丽中国建设。

3.2　原真地理特征表征的基本单元与分类编码

3.2.1　基本地理单元划分原则

　　地理单元可视为不同地理要素在特定空间上的一种组合，地理单元的划分旨在满足不同场景下的应用需求。地理单元划分一方面需考虑空间尺度，其决定了地理单元的大致空间范围；另一方面需考虑单元划分的目标对象，即明确对哪些地理要素进行空间配置，这决定了地理单元的具体界限。

　　常见的地理单元划分主要有以下三类：一是以自然地理边界进行划分，如流域单元以其地学意义明确、组织层次清晰、单元边界稳定等特点广泛应用于不同尺度下的地理学研究；二是以行政区划边界进行划分，其主要面向人文地理学研究；三是采用特定的地理区划结果作为地理单元，这里又包括了面向自然综合体的综合自然地理单元划分，以及面向不同地理要素的专题单元划分。根据原真地理特征的基本定义和表现形式，我们认为流域单元的划分虽然具有层次结构性，但其划分原则对地理要素的相似性和差异性考虑不够全面，因此并不适合直接作为描述原真地理特征的地理单元。行政区划边界不依据自然地理特征，因此也予以排除。相比较而言，地理区划单元往往能够体现不同地理要素在区内的相似性和区间的差异性，对原真地理特征的地理单元划分具有重要借鉴作用。

　　本书选择了能够体现地理原真性的"水土气生"等基础地理要素，将不同地理要素的区域划分产品作为面向原真地理特征的地理单元划分的基础数据，将传统地理区划思想和空间分析、地图综合等方法相结合，实现自上而下和自下而上相结合的基本地理单元划分。

3.2.2　基本地理单元划分层级

　　从体现地理原真性的角度出发，本书选取了中国尺度的气候、地形地貌、土壤、水文、生态五个要素的单元数据，作为地理单元划分的基础数据（图 3-1）。上述五个要素综合且全面地反映了原真（自然）地理的基本内涵，各要素的区划单元数据介绍如下。

　　（1）气候单元选取了郑景云等（2010）提出的气候区划单元方案，该方案根据全国 609 个气象站 1971～2000 年的日气象观测资料，将中国划分为 12 个温度带、24 个干湿区、56 个气候单元区。

　　（2）地形地貌单元选取了李炳元等（2013）提出的中国地貌区划单元方案，该方案通过分析中国各地基本地貌类型组合的差异及其形成原因，将中国地貌区划分为东部低山平原大区、东南低中山地大区、中北中山高原大区、西北高中山盆地大区、西南亚高山地大区和青藏高原大区 6 个地貌大区，并分别简要论述了各大区的地貌特征。各大区内部又据次级基本地貌类型和地貌成因类型及其组合差异进一步分区，全国共划分了 38 个地形地貌单元区。

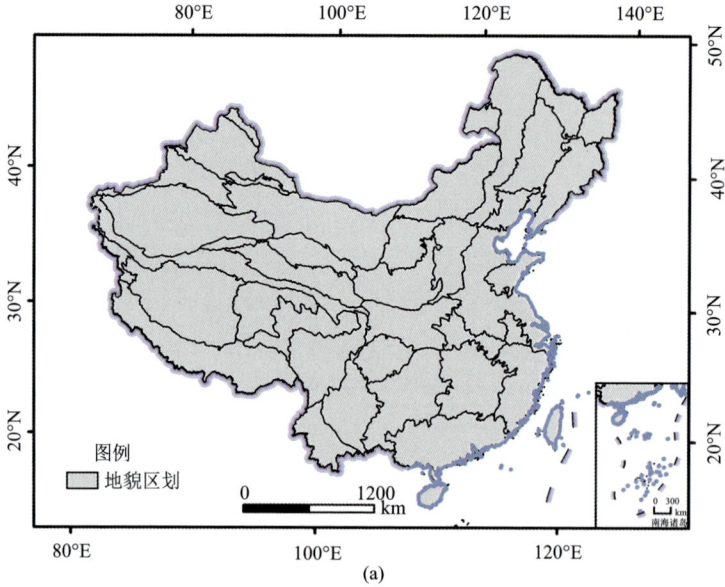

(a)

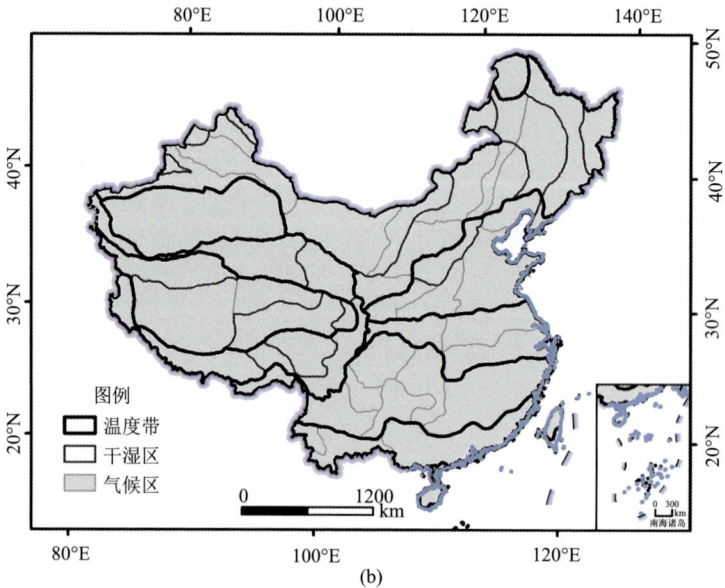

(b)

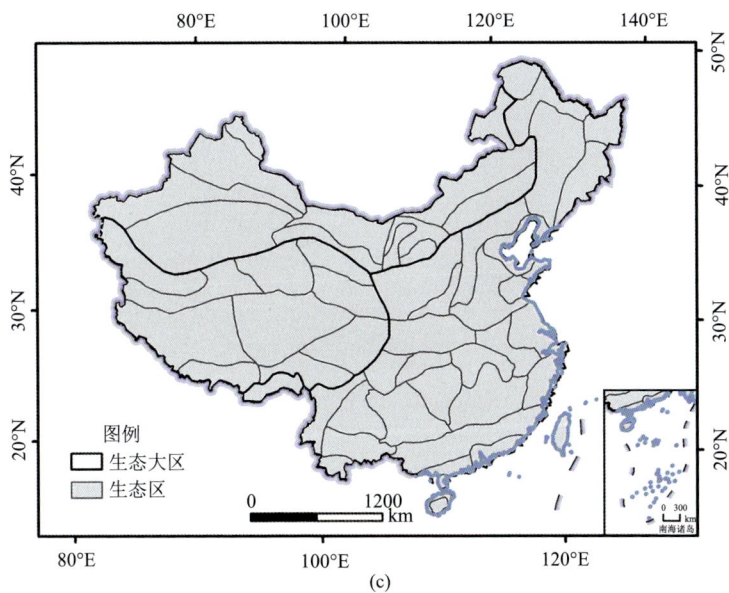

(c)

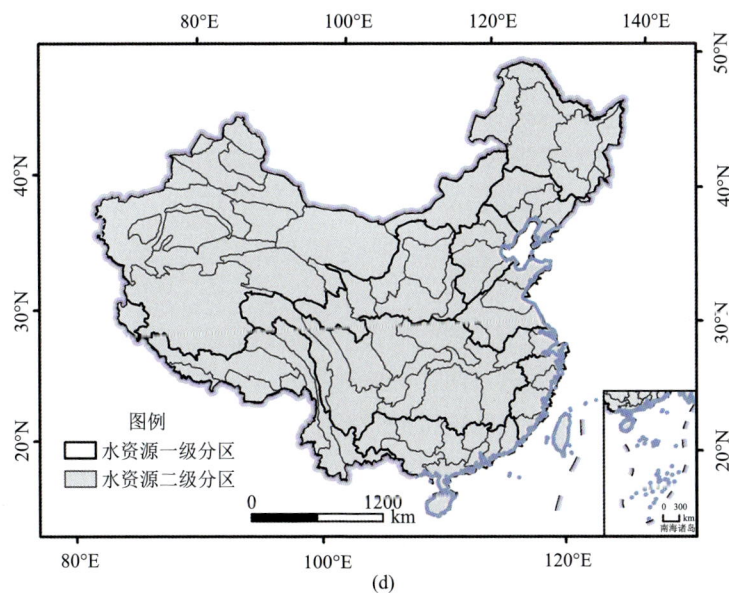

(d)

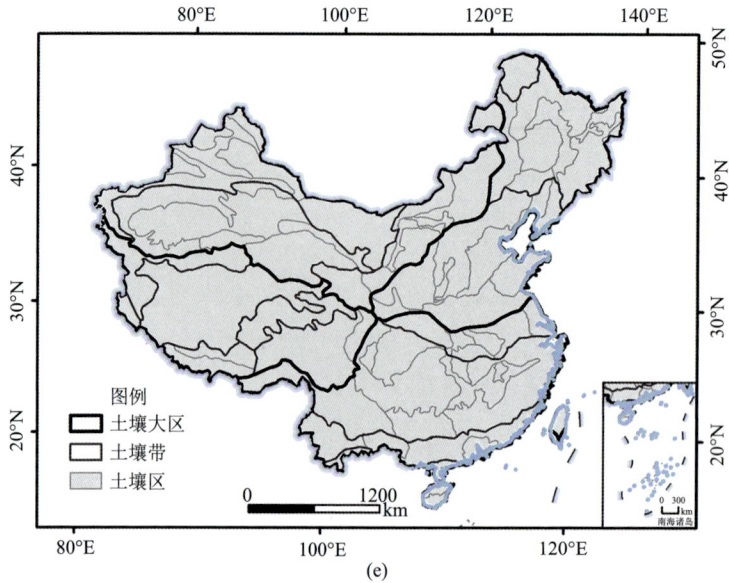

(e)

图 3-1　单元划分主要参考的地理要素区划

（a）地形地貌区划单元；（b）气候区划单元；（c）生态区划单元；（d）水资源区划单元；（e）土壤区划单元

（3）土壤单元选取了席承藩和张俊民（1982）提出的中国土壤区划单元方案，采用三级分区制即土壤大区、土壤带和土壤区。

（4）水文单元选取了水利部根据中国水资源综合规划的要求，按流域水系划分中国水资源的一级区 10 个；按照河流水系基本保持完整性原则，又划分出 80 个二级分区单元。

（5）生态单元选择了傅伯杰等（2001）提出的中国生态区划单元方案，在综合分析中国生态环境特点的基础上，探讨了生态区划的原则和依据，将中国划分为 3 个生态大区、13 个生态地区和 57 个生态分区单元。

3.2.3　基本地理单元划分流程

本章集成了传统地理区划与现代地理空间分析方法，构建面向原真地理特征研究的地理单元。其基本思路采用了黄秉维先生等提出的"自上而下"和"自下而上"相结合的思路，从原真地理特征的基本内涵和其对人类活动的抗干扰性强弱（即在一定时间尺度上具有维持自身特征稳定性的能力）的角度出发进行地理单元的组织。总体而言，本书拟划分四个层级的原真地理特征的地理单元。

第一层级单元划分的依据主要有两点：一是从原真地理特征的外在表现角度考虑，需要采用宏观上能够直观体现自然地理区域差异性的地理要素；二是从原真地理特征的内在机制角度出发，该地理要素是伴随着长期的自然地理过程形成的，在一定时间维度上维持自身稳定性，并对环境演变和人类活动具有较强的抗干扰性。参考现有的综合自然地理区划研究，气候要素因其能够体现区域分异的地带性特征，往往被选为级别较高的区划指标。事实上，气候条件也是不同区域地理原真性的重要表现，也是孕育水文、生态与土壤等地理要素空间差异性的重要驱动力。因此，气候要素作为较高级别的原真地理特征的单元划分指标具有其合理性。具体实施时，我们拟综合气候划分的二级分区结果以确定原真地理特征的一级地理单元。与气候要素相似，地貌特征也是不同区域地理原真性的显著体现，区分度极高。因此，在气候为主导第一级单元划分基础上，第二级单元划分重点考虑地貌形态的差异性，以体现垂直地带性对原真地理特征分布的影响。本书采用李炳元等（2013）提出的中国地貌区划方案中的第二级分区结果，以实现气候为主导的一级单元划分基础上的二级单元划分。

第一级和第二级单元划分主要是顾及大区域尺度揭示产生原真地理特征的气候和地貌格局，可用于区域原真地理特征调查和时空分异规律探究。在此基础上，第三层级的单元划分主要力图揭示孕育原真地理特征的局部水土环境。因此，本书基于土壤三级分区、水资源三级分区结果，采用空间分析、地图综合等方法融合出原真地理特征的第三级单元。进一步为考虑自然生态系统对原真地理特征的影响，本书采用了生态区划方法，在第三级单元划分的基础上生成第四级单元划分结果。需指出的是，在第三、第四级单元划分时，既要考虑多种地理要素的组合特征的差异性，也要避免因多源数据的边界误差所引起的破碎无意义斑块。

3.2.4　基本地理单元分级分类与编码

基于以上的原真地理单元划分方法，本书完成了中国四级原真地理单元划分。如图 3-2 所示，第一级划分了 19 个地理单元，最小面积大于 10 万 km^2，该级别的面积中位数为 38 万 km^2；第二级划分了 71 个地理单元，最小面积大于 5 万 km^2，该级别的面积中位数为 9 万 km^2；第三级包含了 251 个地理单元，最小面积大于 1 万 km^2，该级别的面积中位数为 3 万 km^2；第四级划分了 503 个地理单元，最小面积大于 1000 km^2，该级别的面积中位数为 6664 km^2。

在地理单元划分的基础上，进一步设计了地理单元的编码体系。该体系包含了四级编码，第一级编码由两位阿拉伯数字表示，代表了不同的气候单元；第二级编码由两位阿拉伯数字表示，代表了不同的地貌单元；第三级编码由四位阿拉伯数字表示，分别代表了不同的水资源单元和土壤单元；第四级编码由两位阿拉伯数字表示，代表了不同的生态单元。不同类别的单元编码所对应的具体单元区划名称如表 3-1～表 3-3 所示。

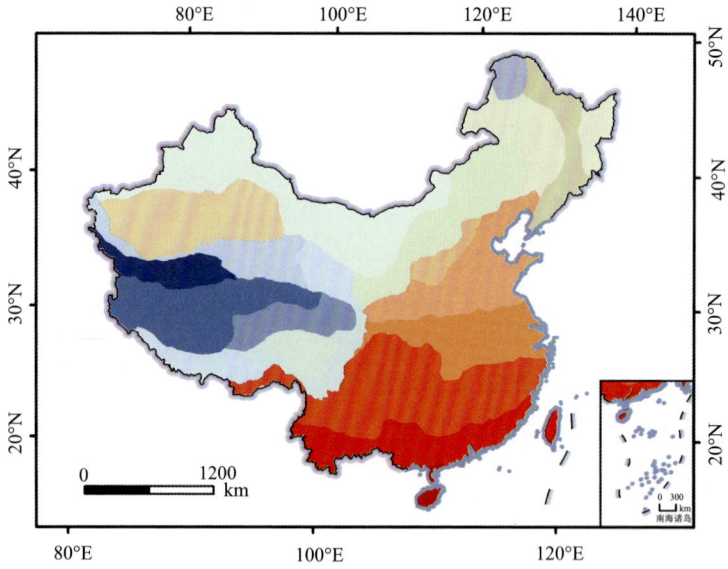

(a)

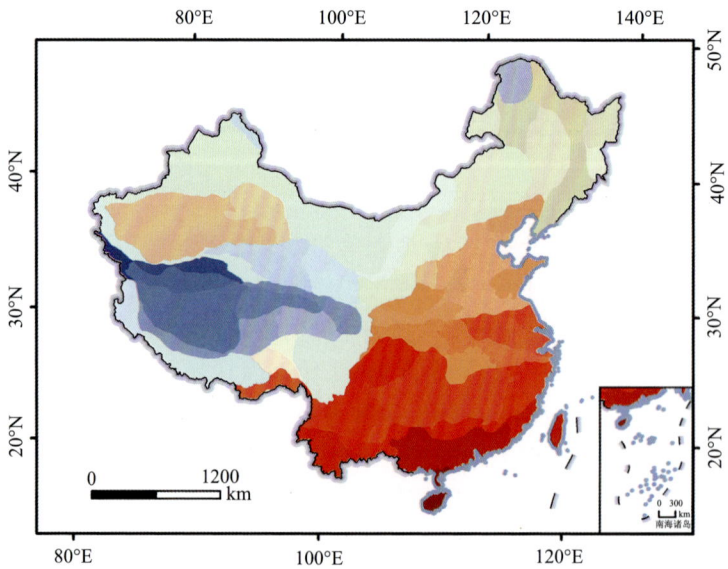

(b)

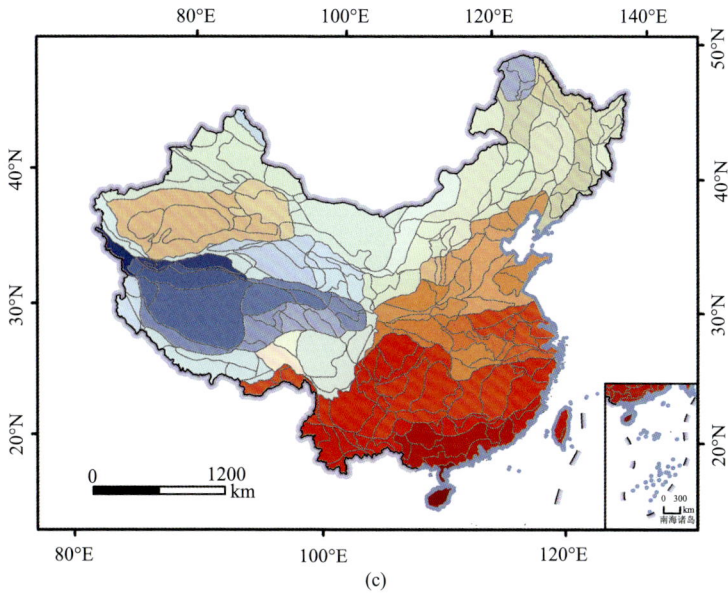

(c)

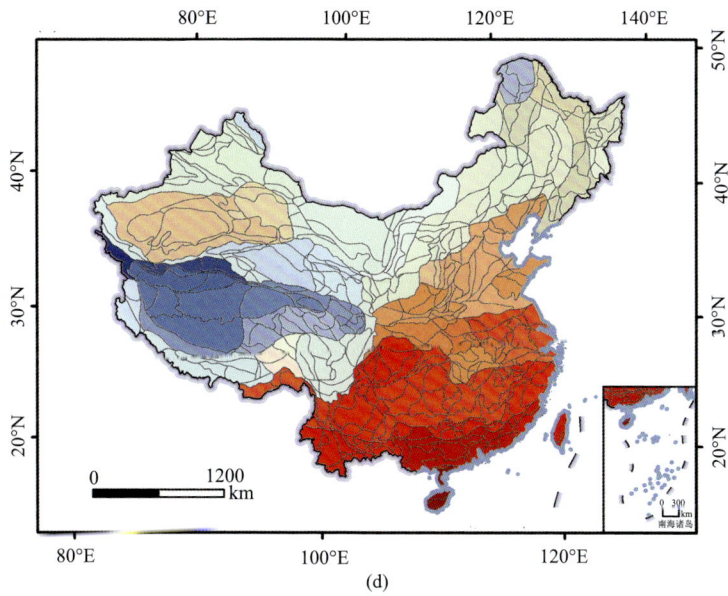

(d)

图 3-2 原真地理特征地理单元划分结果图

（a）一级单元划分；（b）二级单元划分；（c）三级单元划分；（d）四级单元划分

表 3-1　一级和二级编码对应表

一级气候编码	气候单元名称	二级地貌编码	地貌单元名称
01	边缘热带湿润区	01	完达山三江平原
02	南亚热带湿润区	02	长白山中低山地
03	中亚热带湿润区	03	燕山-辽西中低山地
04	北亚热带湿润区	04	华北华东平原
05	暖温带半湿润区	05	鲁东低山丘陵
06	暖温带半干旱区	06	浙闽低中山
07	暖温带干旱区	07	华南低山平原
08	中温带湿润区	08	台湾平原山地
09	中温带半湿润区	09	小兴安岭中低山
10	中温带半干旱区	10	松辽平原
11	中温带干旱区	11	宁镇平原丘陵
12	高原温带湿润区	12	长江中游低山平原
13	高原温带半湿润区	13	大兴安岭低山中山
14	高原温带半干旱区	14	山西中山盆地
15	高原温带干旱区	15	淮阳低山
16	寒温带湿润区	16	鄂黔滇中山
17	高原亚寒带半湿润区	17	内蒙古高平原
18	高原亚寒带半干旱区	18	鄂尔多斯高原与河套平原
19	高原亚寒带干旱区	19	黄土高原
		20	秦岭大巴亚高山
		21	四川盆地
		22	川西南、滇中亚高山盆地
		23	新甘蒙丘陵平原
		24	阿尔金山祁连山高山
		25	柴达木-黄湟亚高盆地
		26	昆仑山高山极高山
		27	江河上游高山谷地
		28	横断山高山峡谷
		29	滇西南亚高山
		30	阿尔泰亚高山

续表

一级气候编码	气候单元名称	二级地貌编码	地貌单元名称
		31	准噶尔盆地
		32	天山高山盆地
		33	塔里木盆地
		34	喀喇昆仑山极高山
		35	羌塘高原湖盆
		36	江河源丘状山原
		37	喜马拉雅山高山极高山

表 3-2　三级编码对应表

三级水文编码	水资源单元名称	三级土壤编码	土壤单元名称
01	金沙江石鼓以上	01	琼南砖红壤、山地黄壤区
02	金沙江石鼓以下	02	台南砖红壤、水稻土区
03	岷沱江	03	琼北、雷州砖红壤、水稻土区
04	乌江	04	河口、西双版纳砖红壤、水稻土区
05	嘉陵江	05	台湾中、北部山地丘陵赤红壤、水稻土区
06	洞庭湖水系	06	华南低山、丘陵赤红壤、水稻土区
07	宜宾至宜昌	07	珠江三角洲水稻土、赤红壤区
08	汉江淮河上游（王家坝以上）	08	文山、德保石灰（岩）土、赤红壤区
09	湖口以下干流	09	横断山南段赤红壤、燥红土区
10	鄱阳湖水系	10	江南山地红壤、黄壤、水稻土区
11	宜昌至湖口	11	桂中、黔南石灰（岩）土、红壤区
12	太湖水系	12	云南高原红壤、水稻土区
13	龙羊峡以上	13	江南丘陵红壤、黄壤、水稻土区
14	龙羊峡至兰州	14	鄱阳湖平原水稻土区
15	兰州至河口	15	洞庭湖平原水稻土区
16	龙门至三门峡	16	四川盆地周围山地、贵州高原黄壤、石灰（岩）土、水稻土
17	河口镇至龙门	17	四川盆地紫色土、水稻土区
18	三门峡至花园口	18	成都平原水稻土区
19	滦河及冀东沿海	19	察隅、墨脱红壤、黄壤区

三级水文编码	水资源单元名称	三级土壤编码	土壤单元名称
20	海河北系	20	长江中、下游平原水稻土区
21	海河南系	21	江淮丘陵黄棕壤、水稻土区
22	徒骇马颊河	22	大别山、大洪山黄棕壤、水稻土区
23	淮河中游（王家坝至洪泽湖出口）	23	江汉平原水稻土、灰潮土区
24	山东半岛沿海诸河	24	襄阳谷地黄棕壤、水稻土区
25	淮河下游（洪泽湖出口以下）	25	汉中、安康盆地黄棕壤、山地棕壤区
26	沂沭泗河	26	辽东、山东半岛棕壤、潮棕壤、淋溶褐土区
27	西辽河	27	秦岭、伏牛山、南阳盆地棕壤、淋溶褐土区
28	东辽河	28	黄淮海平原潮土、盐碱土、潮褐土区
29	辽河干流	29	辽河下游平原潮土区
30	东北沿黄渤海诸河	30	华北山地褐土、潮褐土、山地棕壤区
31	浑大河	31	汾渭谷地潮土、塿土、褐土区
32	鸭绿江	32	黄土高原黄绵土、黑垆土区
33	黑龙江干流	33	长白山暗棕壤、暗色草甸土、白浆土区
34	嫩江	34	兴安岭暗棕壤、黑土区
35	额尔古纳河	35	三江平原暗色草甸土、白浆土、沼泽土区
36	松花江（三岔口以下）	36	松辽平原东部黑土、白浆土区
37	第二松花江	37	辽河上游平原灌淤土、风沙土区
38	图们江	38	松辽平原西部黑钙土、暗色草甸土区
39	绥芬河	39	大兴安岭西部黑钙土、暗栗钙土区
40	乌苏里江	40	大兴安岭北端灰化土（或灰漂土）带
41	钱塘江	41	内蒙古草原栗钙土、盐碱土、风沙土区
42	浙东诸河	42	阴山、贺兰山棕钙土、栗钙土、灰褐土区
43	浙南诸河	43	河套、银川平原灌淤土、盐碱土区
44	闽江	44	鄂尔多斯高原风沙土、栗钙土、棕钙土区
45	闽东诸河	45	内蒙古高原西部棕钙土区
46	闽南诸河	46	黄土高原西部灰钙土、黄绵土区
47	台澎金马诸河	47	青海高原东部灰钙土、栗钙土区

续表

三级水文编码	水资源单元名称	三级土壤编码	土壤单元名称
48	南北盘江	48	阿拉善高原灰棕漠土、风沙土区
49	红柳江	49	准噶尔盆地风沙土、灰漠土、灰棕漠土区
50	郁江	50	北疆山前、伊宁盆地灰钙土、灰漠土
51	西江	51	阿尔泰山灰色森林土、亚高山草甸土区
52	粤西桂南沿海诸河	52	河西走廊棕漠土、灌淤土区
53	北江	53	祁连山、柴达木盆地高山草甸土、棕漠土、盐土区
54	珠江三角洲	54	塔里木盆地、罗布泊棕漠土、风沙土区
55	东江	55	塔里木盆地边缘、吐鲁番盆地灌淤土、棕漠土、盐土区
56	韩江及粤东诸河	56	松潘、马尔康高原亚高山草甸土、沼泽土区
57	海南岛及南海	57	甘孜、昌都高原亚高山草甸土山地灌丛草甸土区
58	澜沧江	58	雅鲁藏布江河谷山地灌丛草原土区
59	怒江及独龙江	59	喜马拉雅山北侧亚高山草原土区
60	雅鲁藏布江	60	西喜马拉雅山北侧亚高山草原土区
61	藏南诸河	61	高山草甸土带
62	藏西诸河	62	高山草原土带
63	河西走廊内陆河	63	高山漠土带
64	青海湖水系		
65	柴达木盆地		
66	羌塘高原内陆河		
67	塔里木河源		
68	昆仑山北麓小河		
69	塔里木盆地荒漠区		
70	吐哈盆地小河		
71	中亚西亚内陆河区		
72	天山北麓诸河		
73	古尔班通古特荒漠区		
74	阿尔泰山南麓诸河		

三级水文编码	水资源单元名称	三级土壤编码	土壤单元名称
75	内蒙古高原内陆河		
76	塔里木河干流		
77	红河		

表 3-3 四级编码对应表

四级生态编码	生态单元名称
01	大兴安岭北部针叶林生态区
02	大、小兴安岭针阔混交林生态区
03	三江平原农业湿地生态区
04	长白山针阔混交林生态区
05	东北平原农业生态区
06	华北山地落叶阔叶林生态区
07	环渤海城镇及城郊农业生态区
08	胶东半岛落叶阔叶林生态区
09	鲁中南山地丘陵落叶阔叶林生态区
10	黄淮海平原农业生态区
11	黄土高原水土流失敏感生态区
12	汾渭河谷农业生态区
13	秦巴山地常绿-落叶阔叶林生态区
14	成都平原农业生态区
15	三峡库区敏感生态区
16	长江中游平原农业湿地生态区
17	大别山-天目山常绿阔叶林生态区
18	长江三角洲城镇及城郊农业生态区
19	浙闽山地常绿阔叶林生态区
20	湘赣丘陵农业生态区
21	湘西及黔鄂山地常绿阔叶林生态区
22	黔桂喀斯特脆弱生态区
23	岭南山地常绿阔叶林生态区
24	粤西南沿海丘陵农业生态区
25	珠江三角洲城镇及城郊农业生态区

续表

四级生态编码	生态单元名称
26	台湾岛常绿阔叶林生态区
27	雷州半岛热带农业生态区
28	海南环岛热带农业生态区
29	海南中部山地雨林、季雨林生态区
30	西双版纳热带雨林、季雨林生态区
31	喜马拉雅东翼山地热带雨林、季雨林生态区
32	云贵高原南部湿润常绿阔叶林生态区
33	云贵高原北部半湿润常绿阔叶林生态区
34	横断山区常绿阔叶林、暗针叶林生态区
35	呼伦贝尔草原生态区
36	内蒙古高原干旱生态区
37	内蒙古高原东南缘农牧交错带脆弱生态区
38	河套平原灌溉农业生态区
39	毛乌素沙地荒漠生态区
40	鄂尔多斯高原荒漠草原生态区
41	阿拉善高原半荒漠生态区
42	河西走廊绿洲农业生态区
43	阿尔泰山地森林草原生态区
44	准噶尔盆地荒漠生态区
45	天山山地草原、针叶林生态区
46	塔里木盆地荒漠、戈壁生态区
47	青藏高原东南部常绿阔叶林、暗针叶村生态区
48	青藏高原东部暗针叶林、高寒草甸生态区
49	祁连山针叶林、高寒草甸生态区
50	青海东部农牧生态区
51	江河源区高寒草甸生态区
52	藏南农牧生态区
53	羌塘高原高寒草原生态区
54	柴达木盆地荒漠、盐壳生态区
55	可可西里半荒漠、荒漠生态区
56	喀喇昆仑山砾漠生态区

第4章 中国原真地理特征分析的
数据基础与方法体系

4.1 地理特征原真度表达的方法体系

原真度是指各地理特征的原真性程度，其测度指标体系如图 4-1 所示。对于各个原真地理特征区域，基于土地利用类型转移指数、土地利用类型稳定度、河流连通度、景观破碎度、净初级生产力、土壤有机碳、土壤侵蚀量、空气质量、水体质量 9 个指标，从类型变化、结构变化和质量变化三个方面评价其原真度。

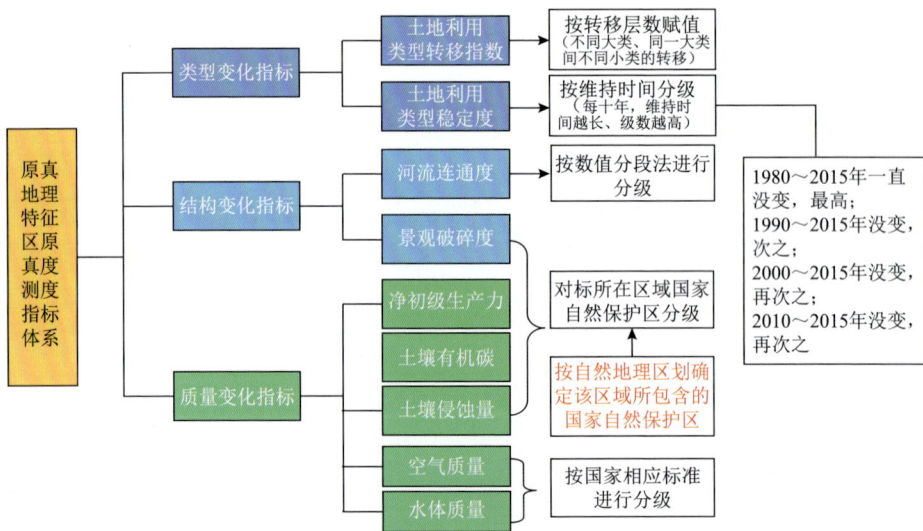

图 4-1 原真度测度指标体系

原真度分级技术路线如图 4-2 所示。原真度分级标准确定上，对于有国家标准的水、气指标，基于国家标准进行原真度的分级；对于没有国家标准的土、生指标，则以区域内国家级自然保护地（或世界自然遗产区）的变化率为基准进行原真度的分级。

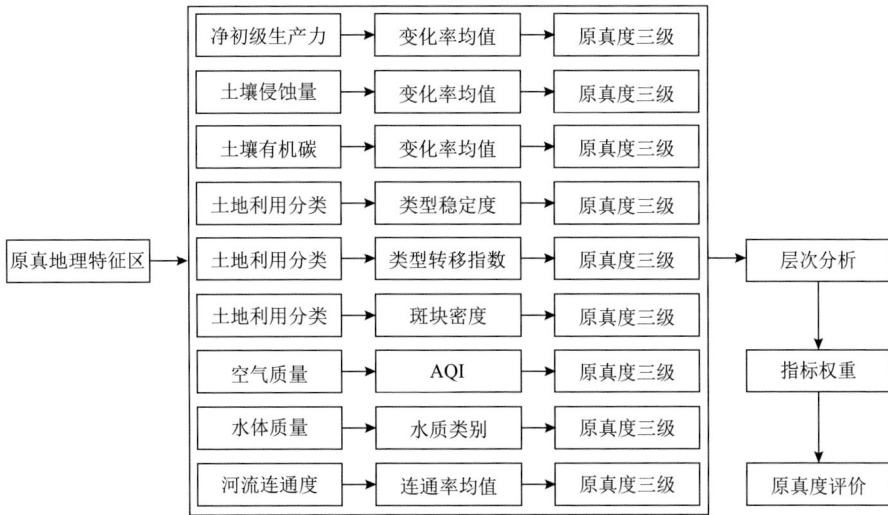

图 4-2　原真地理特征区原真度分级技术路线

水体质量原真度分级：基于 2020 年水体水质数据，参照国家水质标准，将水体特征区原真度分为三级。河流连通度原真度分级：根据 1950～2020 年河流连通变化率趋势，分为基本不变（差值为 0）、变化较小（差值小于 1）、显著变化（差值大于 1）三类。空气质量原真度分级：基于 2020 年 AQI 数据，参照国家大气质量标准，将空气质量原真性分为三级。土壤侵蚀量、土壤有机碳分级：基于长时间序列土壤侵蚀量数据、土壤有机碳数据，计算当前数据相对于 20 世纪 80 年代的变化率，然后以所在区域国家级自然保护地或世界自然遗产区对应指标的变化率作为参考，根据各地土壤侵蚀量、土壤有机碳的实际变化率，将整个原真地理特征区土壤原真度分为三级。净初级生产力原真度评价：基于长时间序列净初级生产力数据，计算近年来净初级生产力相对于 20 世纪 80 年代的变化率，然后以所在区域国家级自然保护地或世界自然遗产区的净初级生产力变化率作为参考，根据各地净初级生产力的实际变化率，将整个原真地理特征区植被原真性分为三级；基于 2010 年全球土地利用 30 m 数据计算公里格网尺度的景观斑块密度，按其值域区域将景观破碎度原真度分为三级；基于长时间序列的 1 km 土地利用数据，计算土地利用类型稳定度、类型转移指数，按其值域区域分别将其原真度分为三级。

最后，利用层次分析专家打分法为水、土、气、生的原真度指标权重进行赋值，并按权重计算获得研究区综合各指标的总体原真度。

其中，基于 9 个分项指标原真度分别对陆域和水域综合原真度进行评价。其中：陆域综合原真度评价由净初级生产力（NPP）、土壤侵蚀、土壤碳、景观斑块密度、土地利用类型稳定度、土地利用类型转移指数、大气质量七个指标，分别按 0.3、0.1、0.2、0.05、0.15、0.15、0.05 的权重进行计算；水域综合原真度评价由水质、河流连通度，以及 AQI 三个指标，分别按 0.4、0.4、0.2 的权重进行计算。

4.2　原真地理特征表达的数据源

开展原真地理特征表达所涉及的数据主要分为三大类别："水土气生"维度关键地表参数，社会经济、人文要素和野外调查获取的数据。表 4-1 将分别介绍这些数据的具体来源。

表 4-1　原真地理特征表达参数的数据具体介绍表

数据类别	数据名称	数据来源
水要素维度关键地表参数	中国水资源丰度数据	《中国湖泊分布与变化：全国尺度遥感监测研究进展与新编目》
	中国水库数据	中国水库数据集（China Reservoir Dataset，CRD）（https://doi.org/10.57760/sciencedb.05331）
	地表水环境质量数据	国家地表水水质自动监测实时数据发布系统（https://szzdjc.cnemc.cn:8070/GJZ/Business/Publish/Main.html）
	湖泊透明度数据	中国 1984～2020 年逐年的湖泊透明度数据集（https://data.tpdc.ac.cn/en/data/5e1fbe01-a219-4009-85be-502a89301864/）
土要素维度关键地表参数	土地利用数据	中国逐年土地覆盖数据集（Annual China Land Cover Dataset，CLCD）（https://zenodo.org/records/4417810）
	土壤有机碳	中国土壤有机质数据集（Dataset of soil properties for land surface modeling over China）（https://doi.org/10.11888/Soil.tpdc.270281）
	土壤侵蚀模数	全球土壤侵蚀制图 2017 年数据集
气要素维度关键地表参数	大气环境数据	中国东部 2000～2020 年逐年的 $PM_{2.5}$ 数据集
生要素维度关键地表参数	净初级生产力	北纬 18°以北中国陆地生态系统逐月净初级生产力 1 km 栅格数据集（1985～2015 年）
社会经济要素	社会经济要素数据	《中国县域统计年鉴 2020》
人文要素	人文要素数据	《中国县域统计年鉴 2020》
野外调查数据	森林草地数据	—
	水体湿地数据	—
	地质土壤数据	—

4.2.1 "水土气生"维度关键地表参数数据源

1）中国水资源丰度数据

以全球水体频率数据集中的月度水体数据为基础，完成了 1989～2018 年中国湖泊编目数据的编制工作。以该编目为约束，合成每 2～3 年水体频率图，并计算各个时间范围内湖泊的等效水体面积（张闻松和宋春桥，2022）。如图 4-3 所示，该数据共收录 3779 个最大水体范围大于 1 km² 的自然湖泊。湖泊数目最多的湖区是青藏高原，为 1326 个，其后依次是东部平原（676 个）、内蒙古高原（622 个）、东北平原与山地（559 个）、新疆地区（536 个）和云贵高原（60 个）。在 ArcMap 10.2 软件中投影至 Mollweide 投影（WKID：54009）后，特大型湖泊（大于 1000 km²）有13 个，依次是青海湖（4449.00 km²）、鄱阳湖（3178.95 km²）、太湖（2481.98 km²）、洞庭湖（2430.61 km²）、色林错（2411.30 km²）、呼伦湖（2303.34 km²）、察尔汗盐湖（2087.51 km²）、纳木错（2032.61 km²）、洪泽湖（1753.50 km²）、艾比湖（1116.85 km²）、博斯腾湖（1042.04 km²）、阿雅克库木湖（1035.28 km²）和扎日南木错（1020.62 km²），面积最大的咸水湖是青海湖，面积最大的淡水湖是鄱阳湖。

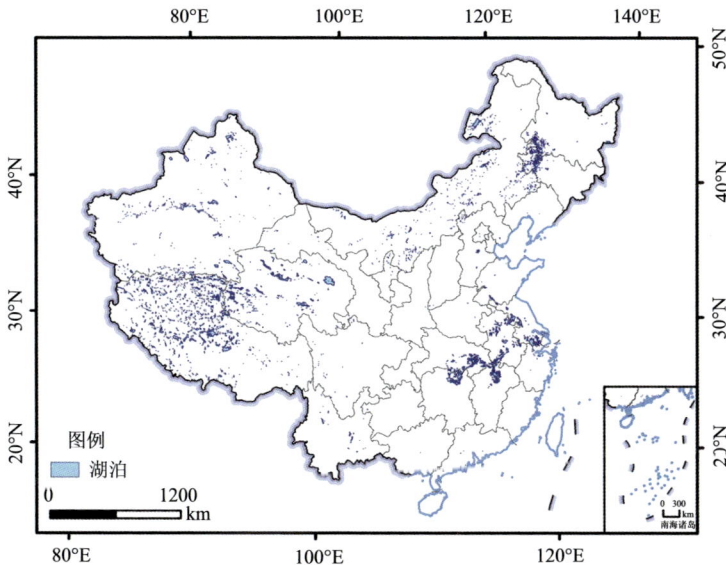

图 4-3 1989～2018 年中国大于 1km² 湖泊的最大水域范围

2）中国水库数据集

中国水库数据集（China Reservoir Dataset，CRD）研制的主要数据源包含遥感解译结果、众源地理空间数据、网络信息挖掘和文献资料等（Song et al.，2022）。CRD 数据集共提供了中国 97435 个水库的空间位置信息，水库水域（代表 1984～2020 年时段各水库最大水淹范围）总面积约 5 万 km²，总库容约 980 km³（924.96～

$1060.59km^3$）。除了遥感解译的空间信息，CRD 数据集还提供了水库的基础属性信息，包括空间位置、面积、库容、河流级别（针对河道型水库）、水库的流量和停滞时间（换水周期）等。此外，针对 5143 个大中型水库（面积和库容占总数据集的比例分别为 59%和 82%），该数据集在充分汇总统计年鉴和文献资源的基础上，还提供了正常蓄水位、水库类别、主要用途、调节类型等辅助信息。在中国范围内随机抽取 24 个子流域的人工解译结果进行产品评价，平均精度为 95.13%（92.79%~97.17%）。总体而言，CRD 数据集提供了目前中国区域最为全面的水库编目数据，相对于现有公开的水库数据集，CRD 在数据完整性、时效性和准确性上均有显著优势。该数据集将有助于开展中国及各流域尺度的水文水环境监测及地表水资源综合管理。图 4-4 展示了中国水库编目数据构建的流程，图 4-5 是中国水库空间分布。

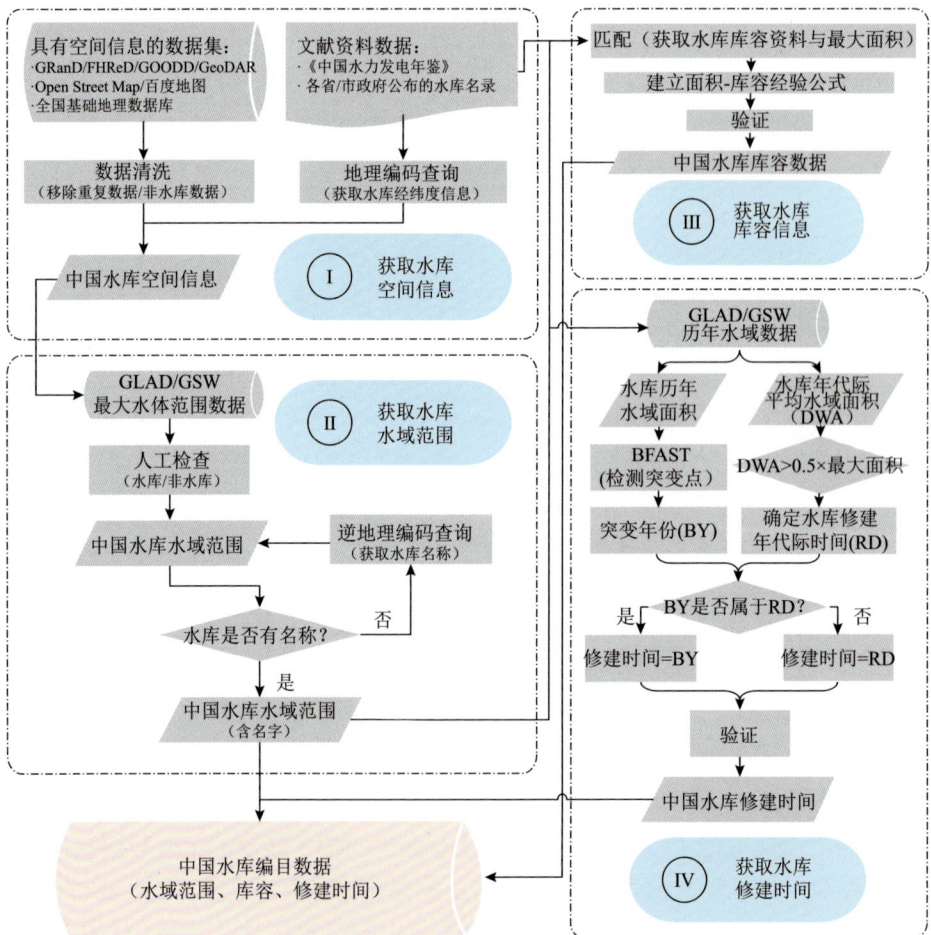

图 4-4 中国水库编目数据构建流程图

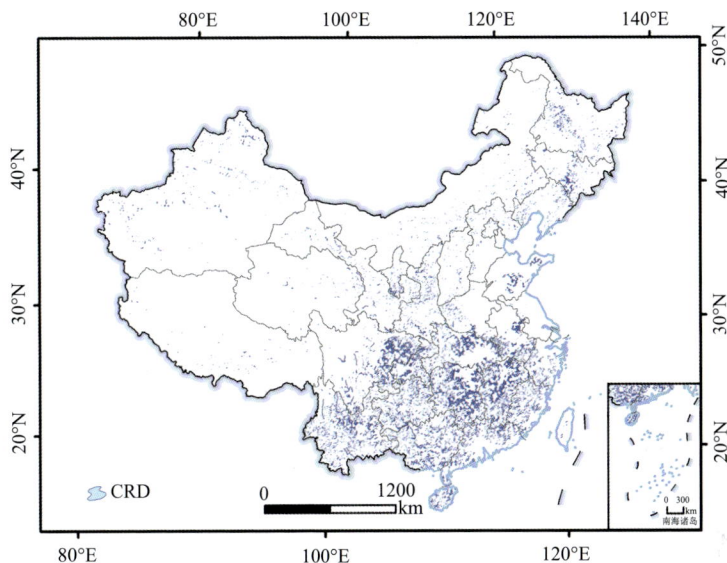

图 4-5　中国水库空间分布

所采用的水库编目基础数据主要有以下两类：①水库空间定位数据，包含全球水库和大坝数据集（GRanD）；全球未来发电型大坝数据集（FHReD）；全球大坝地理参考数据库（GOODD）；全球水坝和水库数据集（GeoDAR）；开放街道地图（OSM）水系数据集；百度地图矢量数据；全球地表水变化数据集（GLAD）；全球地表水体数据集（GSW）数据，作为人工检查中小型水库的基础数据。②文献资料，包含《中国水力发电年鉴》《中国水利年鉴》；各省市历年上报的大中型水库名录；国际大坝委员会全球大坝名录，提供了中国超过 2 万个水库的基础信息。

3）地表水环境质量

基于中国各个断面水质数据与《地表水环境质量标准》（GB 3838—2002），基于国家地表水水质自动监测实时数据发布系统（http://www.cnemc.cn/）各个站点的数据，进行空间插值处理，并基于县级尺度进行了水质数据的统计。具体评价方法：地表水评价方法均采用单因子法（即参评指标中若有一项不达标，则该断面水质超标）。超标项目采用对应标准中的Ⅲ类水质标准或相应标准限值进行衡量。主要污染指标选择水质类别最差的前三项指标，水质类别相同时则优选超标倍数最大的前三项。湖泊水库营养状态评价方法采用综合富营养化状态指数法，评价指标为叶绿素 a、总磷、总氮、透明度和高锰酸盐指数 5 项。图 4-6 为中国地表水环境质量分布图。

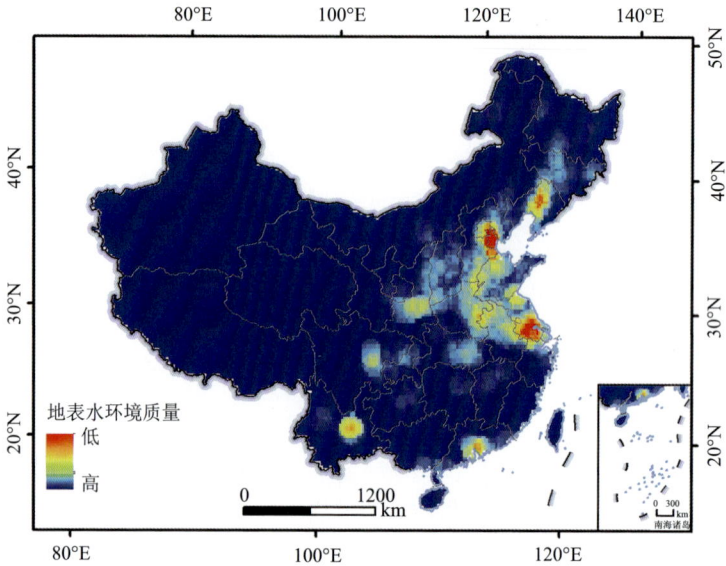

图 4-6　中国地表水环境质量分布图

4）中国湖泊透明度

采用宋开山团队 2021 年 7 月发布的中国 1984～2020 年逐年的湖泊透明度数据集，该数据集提供 1990 年以来中国面积大于 1 hm² 湖泊每五年一期的透明度值，数据的空间分辨率是 30 m（Tao et al.，2022）。该数据时间跨度长，覆盖的湖泊多，因而能够更好地揭示湖泊水环境维度原真地理特征的空间分异特征。1990 年以来中国湖泊透明度整体呈增加趋势，其中青藏高原湖区湖泊透明度显著上升。湖泊透明度下降的区域主要集中在东北和东部平原湖区。而从原真性等级角度分析，青藏高原湖区原真性等级最高，蒙新湖区和东北湖区透明度的原真性等级相对较低。

5）土地利用数据

土地利用数据采用武汉大学遥感学院黄昕和李家艺团队基于 Google Earth Engine 上 335709 景 Landsat 影像制作了中国逐年土地覆盖数据集（Annual China Land Cover Dataset，CLCD），包含 1985～2019 年中国逐年土地覆盖信息（Yang and Huang，2021）。该数据共包括 9 个一级类型，分别是农田、林地、不透水层、草地、灌木地、湿地、水体、裸地以及冰川和永久积雪。数据范围为全球。利用该数据分别计算了原真地理特征表达中的有关土地要素变化的类型转移指数和类型稳定度两个指标。

6）大气环境数据

大气环境质量是指大气环境总体或某种大气污染对人群健康、生存繁衍以及社会经济发展适宜程度的量化表述，其方式是用大气污染物浓度水平来表征大气环境的好坏。大气环境数据采用韦晶等 2021 年发布的中国东部 2000～2020 年逐

年的 PM$_{2.5}$ 数据集（Wei et al.，2021）。该数据集提供 2000～2020 年中国东部
（ECHAP_PM2.5_Y1K）的 MODIS/Terra + Aqua Level 3（L3）0.01°（≈1 km）网
格地面 PM$_{2.5}$ 产品。本书采用 PM$_{2.5}$ 数据进行了东部地区的更新，该数据集时间跨
度更长，空间覆盖更广，因而能够更好地揭示大气环境维度原真地理特征的空间
分异特征。如图 4-7 所示，随着时间的变化，中国空气质量污染严重的城市集

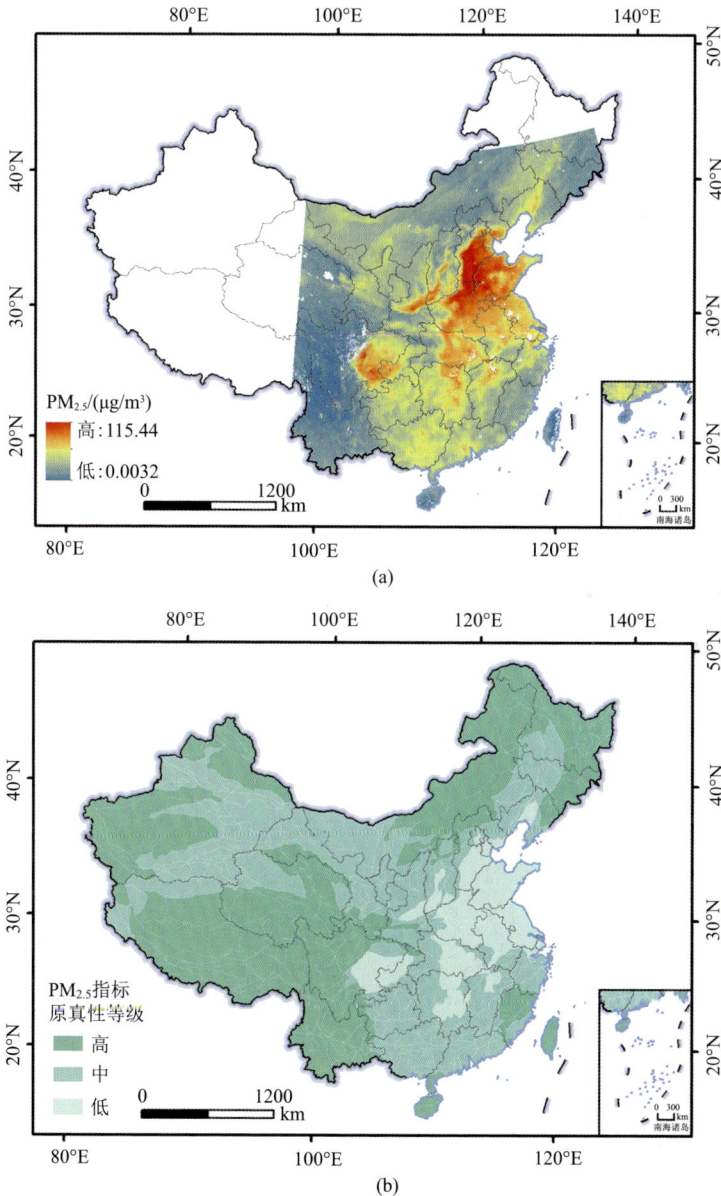

(a)

(b)

图 4-7　PM$_{2.5}$ 指标空间分异（缺失部分用监测站点数据补充）(a)和 PM$_{2.5}$ 指标原真性等级(b)

中地为华东、华北地区，其中河北、河南和山西省最为严重，原真性等级也逐渐降低，原真性等级极高的地区在云南和四川省，空气质量较好。

7）土壤有机碳

土壤有机碳含量数据由中国科学院南京土壤研究所提供（Shangguan et al.，2013），该数据提供 1980～2010 年土壤有机碳含量变化，依据加权转换得到的 0～20m 土壤表层的土壤有机质数据得到土壤有机碳数据。该数据一共包括 28 个土壤理化性质：pH、有机质含量、阳离子交换量、根系丰度、总氮（N）、总磷（P）、总钾（K）、碱解氮、速效磷、速效钾、可交换 H^+、Al^{3+}、Ca^{2+}、Mg^{2+}、K^+、Na^+、土层厚度、土壤剖面深度、砂、淤泥和碳（C）、铺设部分、岩石碎片、体积密度、孔隙、结构、稠度和土壤颜色，并提供了质量控制信息（QC）。分辨率为30 弧秒（赤道处约 1 km）。土壤性质的垂直变化由 8 层记录，深度为 2.3 m（即0～0.045 m、0.045～0.091 m、0.091～0.166 m、0.166～0.289 m、0.289～0.493 m、0.493～0.829 m、0.829～1.383 m 和 1.383～2.296 m），以便于在普通土地模型和社区土地模型（CLM）中使用。土壤有机碳（soil organic carbon）是指土壤有机质通过微生物作用所形成的腐殖质、动植物残体和微生物体的碳元素含量，其对土壤的热和水力特性有重大影响，影响地面的热状况和水分状况。

8）土壤侵蚀模数

采用全球土壤侵蚀制图 2017 年数据集来计算土壤侵蚀模数，该数据由高分辨率山地环境制图计划（Fine Resolution Mapping of Mountain Environment，FRMM）地球打印机（EarthPrinter）自动化生产，该数据集基于通用土壤流失方程（USLE）模型，又不限于 USEL 模型，这里面包括对 USLE 模型的大尺度适应性改进、因子计算方法、土壤侵蚀预报区划及分区调整参数等内容（Borrelli et al.，2017）。基准值为 30 m 分辨率，5°×5°分幅，然后逐步处理为 10 km 低分辨率数据，由中国科学院成都山地灾害与环境研究所刘斌涛提供。土壤侵蚀模数为单位面积土壤及土壤母质在单位时间内侵蚀量的大小。它是表征土壤侵蚀强度的定量指标，用以反映某区域单位时间内侵蚀强度的大小。土壤侵蚀是多种自然因素和人为因素相互作用、相互制约的结果。土壤侵蚀模数是衡量某一区域侵蚀状况的重要指标，也为不同区域侵蚀状况的定量比较提供了依据。同时，土壤侵蚀模数能反映某区域土地利用的合理程度。土壤侵蚀模数成为水土保持科学研究、水土保持规划与治理以及科学决策的重要指标。由于各地区自然条件的差异，各地侵蚀模数的大小也不尽相同。中国是世界上土壤侵蚀最为严重的地区，尤其是西北黄土区、南方红壤区和东北黑土区的侵蚀最为严重。本书利用全球土壤侵蚀制图 2017 年数据集计算了中国土壤侵蚀模数，并根据不同的侵蚀模数大小划分不同的原真性等级。

9）生态系统数据

生态系统数据采用北纬 18°以北中国陆地生态系统逐月净初级生产力 1 km 栅

格数据集（1985～2015 年，http://www.geodoi.ac.cn/WebCn/doi.aspx?Id=1212），数据范围为 18°N～53.5°N，65°E～138°E，该区间中国以外陆地部分和海域部分设值为零，其余部分数据均为净初级生产力（NPP）数值（陈鹏飞，2019）。数据存储为 tif 格式，分辨率为 1 km × 1 km。数据集由 1488 个数据文件组成，数据量为 28.2 GB（压缩为 6 个数据文件，压缩后数据量为 2.07 GB）。基于生态系统数据，计算近年来净初级生产力相对于 20 世纪 80 年代的变化率，然后以所在区域国家级自然保护地或世界自然遗产区的净初级生产力变化率作为参考，根据各地净初级生产力的实际变化率，将整个原真地理特征区植被原真性分为三级。

4.2.2　社会经济人文要素

该部分数据主要来自从 2020 年中国县域统计年鉴,该数据全面反映中国县域社会经济发展状况的资料性年鉴，收录了 2019 年全国 2000 多个县域单位的基本情况、综合经济、农业、工业、教育、卫生、社会保障等方面的资料。我们利用该数据计算了人均生产总值、生产总值、第三产值占生产总值比重、城镇居民人均储蓄存款余额、第二产值占生产总值比重、医疗卫生机构床位数等指标。

4.2.3　野外调查数据

有关原真地理特征野外调查数据部分的详细内容见 4.3 节，在此不再展开。

4.3　原真地理特征野外调查

4.3.1　原真地理特征野外调查原则

原真地理特征野外调查旨在查明原真地理特征的分布、价值及其所处的自然环境条件、社会经济条件以及保存现状，为原真地理特征的保护、管理与合理利用等提供科学依据。其调查应遵循以下五个方面的原则。

1）客观性原则

调查应客观测量和描述原真地理特征的各类属性以及所处的自然环境条件、社会经济条件和开发利用保护现状，避免主观臆想和随意推断，严禁调查数据弄虚作假。

2）科学性原则

应根据原真地理特征各类调查对象的特点，利用相对应的资料收集、遥感监测、地面调查等手段和方法，进行调查，科学设计调查路线和样本点等。

3）准确性原则

应对调查使用的原始资料质量进行准确评估，按照统一的规范和质量要求进行数据的采集与处理分析，确保调查成果的准确与精度。

4）兼容性原则

原真地理性特征调查应与现行的国家公园资源、地质遗迹、旅游资源等相关调查规范兼容，避免调查内容与语义、标准的冲突及不一致。

5）可操作性原则

各类调查应具有可操作性，能够获取到相应的数据资料，方便现场的调研、取样、数据采集与验证等。

4.3.2　原真地理特征野外调查内容

原真地理特征调查内容包括：原真地理特征本体信息，以及所处的自然环境条件、社会经济条件、开发利用与保护状况。

1）本体信息调查

原真地理特征本体信息调查内容包括原真地理特征的地理位置及空间范围、面积、原真性内容及特点（即原真地理特征的价值）。

采用遥感监测或利用已有空间数据，对原真地理特征的地理位置、空间范围及面积进行调查。特殊情况下（如缺失可利用的空间数据时），可以考虑利用无人机进行原真地理特征地理位置、空间范围及面积的调查。

通过收集已有资料和进行地面调研的方法，对原真地理特征的原真性内容及特点进行调查。原真性内容指该原真地理特征所具备的、保持较完整的、具有较高科学、美学和游憩等价值的独特地质地貌、自然景观、生态系统或珍稀生物资源等。

2）自然环境条件调查

原真地理特征自然环境条件调查内容包括：原真地理特征所在区域的地形地貌、气候气象、水文、土地覆被类型、土壤、生态环境，以及生物多样性等。

地形地貌包括地貌类型、海拔等；气候气象包括气候类型，以及温度、降水、日照等气象要素；水文包括河流、湖泊分布；土壤包括土壤类型；生态环境包括大气环境、水环境和土壤环境；生物多样性包括植被类型、生物量以及珍稀生物、特色优势农产品等。

采用资料收集和标准化处理的方法，收集并处理原真地理特征所在区域地形地貌、气候气象、水文、土壤、生态环境、珍稀生物、特色优势农产品等信息。利用资料收集或遥感监测的方法，获取植被类型、生物量等数据。

原真地理特征自然环境条件调查数据项及要求参见"原真地理特征数据库

规范"，并按一定的比例，对生态环境、植被类型、生物量等数据进行实地采样验证。

3）社会经济条件调查

原真地理特征社会经济条件调查包括：原真地理特征所在区域的行政区划、经济、人口、民族等。

行政区划包括原真地理特征所在的省、市、县、乡镇等；经济包括 GDP 及第一、第二、第三产业比重；人口包括总人口及男、女比例，年龄结构、教育程度；民族包括民族人口、民俗、文物、遗迹等。

采用统计资料收集的方式，收集并规范化处理原真地理特征所在行政区划、经济、人口、民族等信息。利用资料收集或现场调查的方式，收集原真地理特征所在区域民俗、文物、遗迹等信息。

4）开发利用与保护状况调查

原真地理特征开发利用与保护状况调查内容包括：原真地理特征区域的交通设施、重大工程，保护地设置情况以及存在的问题与面临的威胁等。

交通设施包括高铁、高速公路等对原真地理特征可能产生影响的重大交通设施；重大工程包括除交通设施外对原真地理特征可能产生影响的水电站、旅游开发项目、采矿、化工生产、危废处置等重大工程；保护地包括自然保护区、风景名胜区、森林公园、湿地公园、沙漠公园、地质公园、海洋特别保护区、水利风景区、生态功能保护区、国家公园、世界自然遗产等。

通过资料收集或遥感监测等方式，收集原真地理特征所在区域的交通设施、重大工程的数量规模及空间分布情况；通过资料收集或现场调研，收集重大工程的类型、性质、工艺特性、可能产生的污染及其处置措施等情况；通过资料收集方式，收集原真地理特征所在区域已设置的各类保护地的范围、面积、保护内容、保护状况，以及存在的问题及面临的威胁等情况。

4.3.3　原真地理特征野外调查程序

原真地理特征调查包括准备工作、资料收集与处理、现场调查与数据采集、数据整理与建库和调查成果等步骤。

1）准备工作

依据调查任务，制定原真地理特征调查工作方案，组织人员，落实任务分工和进度安排，做好物资、技术等方面的准备和人员培训工作。

2）资料收集与处理

根据调查内容，进行原真地理特征所在区域的基础地理空间数据、遥感影像、自然环境、社会经济以及开发利用和各类保护地等数据资料的收集。

所有数据资料空间基准应统一转换成 2000 国家大地坐标系（CGCS2000）和 1985 国家高程基准。数据投影系统应符合《数字地形图产品基本要求》（GB/T 17278—2009）标准要求。

原则上国家范围的空间数据比例尺不低于 1∶100 万、分辨率不低于 1 km，省级空间数据比例尺不低于 1∶50 万、分辨率不低于 500 m，市（县）级空间数据比例尺不低于 1∶25 万、分辨率不低于 100 m，保护地空间数据比例尺不低于 1∶10 万、分辨率不低于 50 m。

采用《地理信息 时间模式》（GB/T 22022—2008）定义的公共时间参照类型，包括日历、时间坐标系统和顺序时间参照系。收集最新时相，以及 1980 年左右的两期数据资料，以便探测原真地理特征的变化情况。

3）现场调查与数据采集

在收集的数据资料的基础上，制作现场调查工作底图。工作底图至少应包括：原真地理特征所在区域行政区划、居民地、交通道路、河流湖泊、地貌类型、数字高程模型（DEM）等数据，并叠加（如有）区域内已有的保护地。

在工作底图上进行现场调查区域与路线的设置，依据设计的路线进行原真地理特征现场调查、拍照与数据采集。依据"原真地理特征数据库规范"，依次采集或验证原真地理特征本体信息、自然环境条件、社会经济条件以及开发利用与保护信息等。

4）数据整理与建库

对调查采集的各类数据进行分类整理、质量检查，并按照要求进行规范化处理，建立地理空间位置-属性数据-照片等的关联。依据"原真地理特征数据库规范"，建立原真地理特征数据库。

5）调查成果

调查成果包括：工作底图、调查报告以及调查数据库。

工作底图：主要按照《数字地形图产品基本要求》（GB/T 17278—2009）进行制作。

调查报告：包括调查地点、日期、人员，调查过程、调查记录以及调查取得的主要成果与结论，并附调查收集的数据资料等。

调查数据库：依据"原真地理特征数据库规范"，建立并提交原真地理特征数据库及其说明文档。

4.3.4　原真地理特征野外调查的点抽样方法

野外调查并非盲目随机开展，首先，调查点的选择要具有代表性，即应选择具有原真特征的区域开展调查，为此本书团队收集了全国自然保护地数据，该数据将为调查点的选择提供空间依据。其次，调查点应在空间上均匀分布，即能够代表不同的类型和不同的区域。最后，调查点的数量和可达程度也应该在一定的承受范围内。基于以上的基本要求，研究团队发展了一种分层级空间约束加权抽样方法，具体如图 4-8 所示。分层级空间约束加权抽样方法特点：①分层级思想，即在抽样过程中考虑到不同气候带、地形地貌单元及生态系统分布模式对抽样过程的影响，结合中国原真地理特征类型划分开展了分层次的样本点抽样。②空间约束加权，该抽样策略强调了抽样点的自然保护地空间分布约束下加权随机抽样获取的样本分布。

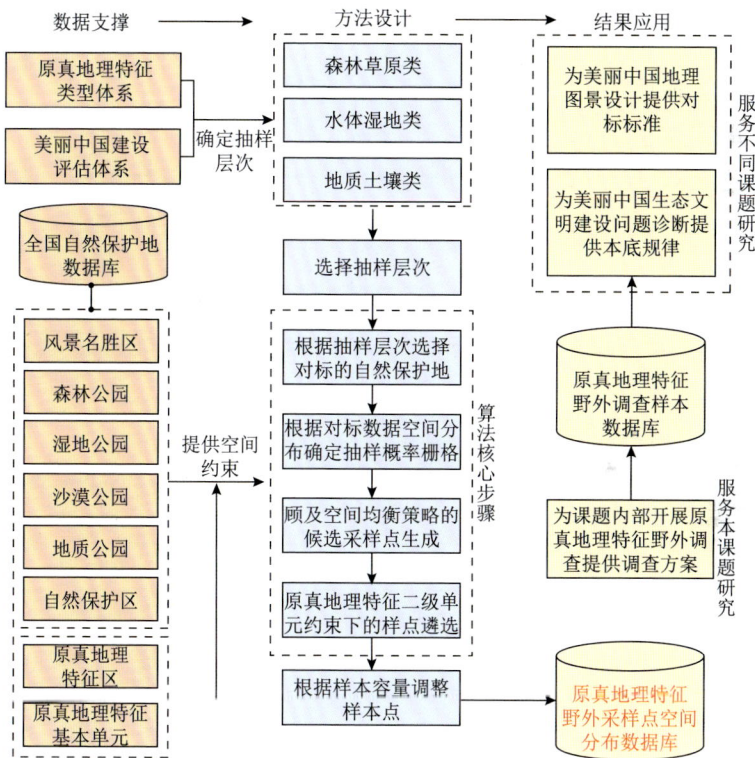

图 4-8　原真地理特征调查抽样方法流程图

基于该抽样方法，全国共布设出 110 个原真地理特征调查样点（图 4-9）。包含 42 个森林草地类调查样点、34 个水体湿地类调查样点、34 个地质土壤类调查样点。针对布设情况，重点开展了西北、华东、华中三个地区共计 46 个原真地理特征典型调查样点的调查和样品采集。此外，针对不同类型的调查样点，调查的指标和内容侧重点不同。其中，森林草地类有 18 项指标，水体湿地类 17 项指标，地质土壤类包含 15 项指标，原真地理特征野外调查采用指标详细说明见表 4-2。

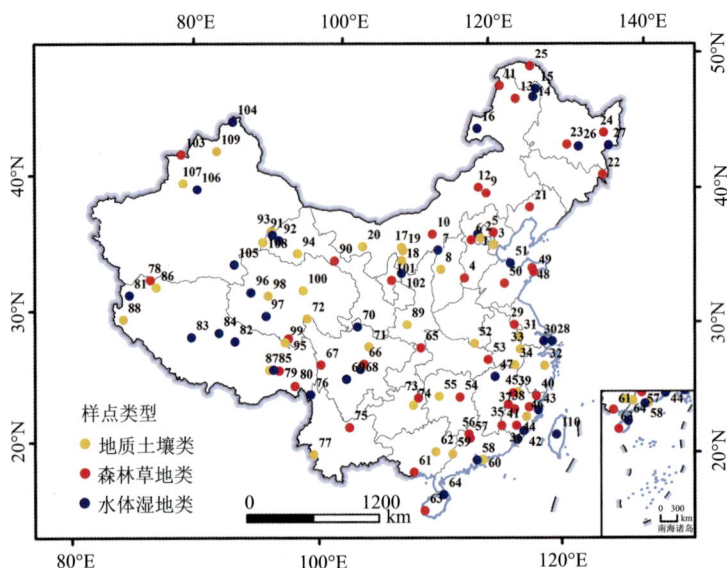

图 4-9　原真地理特征野外调查样点分布图

　　原真地理特征调查按照样本点的不同类型采用不同类型的调查指标。森林草地类样本点调查指标包括基础指标、核心指标、补充背景指标等 18 项，重点调查森林或草地生态系统的物种组成、群落结构、生产力等指标（表 4-2）。

表 4-2　林草类原真地理特征野外调查拟采用指标说明

类别	指标名称	指标定义	指标测量方法	指标数据类型	指标获取性
基础指标	调查点位	调查点的经纬度	原真调查应用（APP）自动获取	数值型（°）	必填项
	海拔	调查点海拔	原真调查 APP 自动获取	数值型（m）	必填项
	地貌类型	地貌形态成因类型	由 1∶100 万中国地貌分区图获取	文本型	必填项
	坡度	地表单元陡缓的程度，通常把坡面的垂直高度和水平距离的比叫做坡度	采用 DEM 数据直接计算	数值型（°）	必填项
	坡向	坡面法线在水平面上的投影的方向，可理解为坡面所面对的方向	采用 DEM 数据直接计算	文本型	必填项
	坡位	指坡面所处的地貌部位	采用观察法，将坡位分为脊、上、中、下、谷 5 个坡位。 1）脊部：山脉的分水线及其两侧各下降垂直高度 15 m 的范围； 2）上坡：从脊部以下至山谷范围内的山坡三等分后的最上等分部位；	文本型	必填项

续表

类别	指标名称	指标定义	指标测量方法	指标数据类型	指标获取性
基础指标	坡位	指坡面所处的地貌部位	3）中坡：从脊部以下至山谷范围内的山坡三等分后的中间等分部位； 4）下坡：从脊部以下至山谷范围内的山坡三等分后的最下等分部位； 5）山谷（或山洼）：汇水线两侧的谷地，若调查区域处于其他部位中出现的局部山洼，也应按山谷记载	文本型	必填项
核心指标	植被类型	划分到植被型一级，如寒温性针叶林、落叶阔叶林、常绿阔叶林、草原、草甸、沼泽等	野外实地观察判定，或参考中国植被类型图	文本型	必填项
	植被覆盖度	植被（包括叶、茎、枝）在地面的垂直投影面积占统计区总面积的百分比	植被覆盖度采用目测法和照相法相结合的方式观测。利用相机获取植被覆盖的数码照片，重复拍摄 2～3 次，最后分别计算每张相片植被覆盖度，取其平均值作为样方植被覆盖度。对于相机不易识别的区域，采用目测法观测植被覆盖度	数值型（%）	必填项
	生物量	某一时刻植物单位面积内实存生活的有机物质总量	森林类调查点生物量观测分为立木和冠层下部观测两部分，立木与冠层下部生物量之和即为样方生物量。立木的地上生物量观测：是通过样方内所有林木进行测量，获取其树高、胸径等地面观测数据，依据相对生长方程计算，对所有立木生物量求取平均值并除以样方面积，获取 1 m² 面积的立木生物量。冠层下部生物量观测：在样方内，随机选择不小于 3 个区域，分别收集其中全部地上植被，称量鲜重，从中抽取不少于 5% 的样品，105℃下烘干称干重，获取植株含水量，进而获得实测的地上生物量，计算多个区域平均值并除以样方面积，作为冠层下部单位面积的生物量。草地类调查点生物量计算方法采用冠层下部生物量观测法	数值型（g/m²）	必填项
	树种	单株树木的种类。如针叶种、阔叶种等	人工野外现场判断，也可通过野外拍摄照片，请林业专家判定	文本型	森林调查点必填项
	平均树高	单株树地面至树梢的高度	树高主要利用测高仪测量，获取样方内树木绝对高度	数值型（m）	森林调查点必填项
	平均胸径	反映林分粗度的基本指标	选择胸径 5 cm 以上的树木进行测量，使用测径尺测量距地面 1.3 m 处的直径，对样方内的树木进行每木检尺	数值型（cm）	森林调查点必填项

类别	指标名称	指标定义	指标测量方法	指标数据类型	指标获取性
核心指标	草地优势种	草地生态系统中数量（株数或蓄积量）占优势地位的草种	主要采用照相法进行植被优势种的测量。在草地生态系统观测区内对草本植物群落的组成进行调查，利用相机获取优势种的数码照片，并记录	文本型	草地调查点必填项
	叶面积指数	单位土地面积上植物叶片总面积与土地面积的比值	采用冠层分析仪测定。将冠层分析仪置于草地群落草本层下的地面上，对整个群落进行扫描，可得出群落的总叶面积指数	数值型	草地调查点必填项
补充背景指标	土壤类型	按照土壤质地进行分类	将土壤分为砂质土、黏质土、壤土三类。砂质土：含沙量多，颗粒粗糙，渗水速度快，保水性能差，通气性能好；黏质土：含沙量少，颗粒细腻，渗水速度慢，保水性能好，通气性能差；壤土：含沙量一般，颗粒一般，渗水速度一般，保水性能一般，通气性能一般	文本型	选填项
	土壤含水量	土壤绝对含水量，即100 g 烘干土中含有的水分量，也称土壤含水率	野外观测时采用时域反射仪（TDR）自动连续测定土壤剖面体积含水量。用烘干法测定区域调查点的土壤含水量	数值型（%）	选填项
	林下植被物种数	样方内林下不同植被物种的数量	采用计数法	数值型	选填项
	郁闭度	森林群落中乔木树冠在阳光直射下在地面的总投影面积与此林地总面积的比，反映林分的密度	在林内每隔3～5 m 机械布点若干个，每个点上观测有无树冠覆盖的点数，据此计算郁闭度	数值型（0～1）	选填项

注：森林类调查时，每个样地须保证有不少于 2 个重复样方，样方大小为 30 m×30 m；草地类调查时，每个样地须保证有不少于 9 个重复样方，样方大小为 1 m×1 m。

　　水体湿地类样本点调查指标包括基础指标、核心指标、补充背景指标等 17 项，重点调查地表水环境质量标准的指标，主要包括叶绿素 a、溶解氧、矿化度、pH、透明度等（表 4-3）。

表 4-3　水湿类原真地理特征野外调查拟采用指标说明

类别	指标名称	指标定义	指标测量方法	指标类型	指标获取性
基础指标	调查点位	调查点的经纬度	原真调查 APP 自动获取	数值型（°）	必填项
	海拔	调查点海拔	原真调查 APP 自动获取	数值型（m）	必填项

续表

类别	指标名称	指标定义	指标测量方法	指标类型	指标获取性
基础指标	类型	划分为湖泊、河流和沼泽湿地三类	根据现场观测判断	文本型	必填项
核心指标	水位	水面的平均高程	建议联系水文站获取长时序监测数据，如没有则现场实测	数值型（m）	必填项
	水温	水体的表层温度	建议联系水文站获取长时序监测数据，如没有则现场实测	数值型（℃）	必填项
	叶绿素a	反映水质富营养化的重要指标	采用水质仪实测，或者采集水样带回实验室进行指标测定	数值型（μg/L）	必填项
	溶解氧	溶解在水里氧的量，是衡量水体自净能力的一个指标	采用水质仪实测，或者采集水样带回实验室进行指标测定	数值型（mg/L）	必填项
	矿化度	表示水中所含盐类的数量	采用水质仪实测，或者采集水样带回实验室进行指标测定	数值型（mg/L）	必填项
	pH	水体酸碱度	采用水质仪实测，或者采集水样带回实验室进行指标测定	数值型（量纲为一）	必填项
	透明度	光透入水的深浅程度	野外实测采用萨氏盘(黑白间隔的圆板)的深度来间接表示光透入水的深浅程度	数值型（m）	湖泊调查点必填项
	最大水深	湖泊最高水位和湖盆最低点的高程差，可用于估算湖泊总水量	采用已有调查数据，或利用测深仪实测	数值型（m）	湖泊调查点必填项
	湿地植被类型	指湿地中的主要植被类型，如森林或草地等	利用样方法，对不同样方植被类型进行分类和计数统计，对同一湿地类型区域多个样方分类和统计结果取主导类型，确定所在湿地的植被类型	文本型	沼泽湿地或红树林海岸湿地调查点必填项
	植被覆盖度	植被（包括叶、茎、枝）在地面的垂直投影面积占统计区总面积的比例	植被覆盖度采用目测法和照相法相结合的方式观测。利用相机获取植被覆盖的数码照片，重复拍摄2~3次，最后分别计算每张相片植被覆盖度，取其平均值作为样方植被覆盖度。对于相机不易识别的区域，采用目测法观测植被覆盖度	数值型（%）	沼泽湿地或红树林海岸湿地调查点必填项
	河道径流量	某一时段内通过河流某一过水断面的水量	一般在流量大、河道宽的河道上选取径流观测点，安装径流观测设施，尽量采用自动观测仪器设备（流速仪）进行观测	数值型（m³/s）	河流湿地调查点必填项

续表

类别	指标名称	指标定义	指标测量方法	指标类型	指标获取性
补充背景指标	叶面积指数	单位土地面积上植物叶片总面积与土地面积的比值	湿地植被的叶面积指数采用叶面积仪或冠层分析仪测定。对于较高的草类和乔木采用叶面积指数仪器进行测量，然后计算样方平均叶面积指数。采样点沿样地的两条斜对角线等间距分布，两点之间间隔不超过 5 m，每条对角线上观测至少 8 次。对于大量矮草、稀疏、低矮草地采用冠层分析仪测定，将冠层分析仪置于草地群落草本层以下，对整个群落进行扫描，可得出群落的总叶面积指数	数值型（0～1）	沼泽湿地或红树林海岸湿地调查点选填项
	郁闭度	乔木树冠在阳光直射下在地面的总投影面积与此林地总面积之比	湿地中的森林郁闭度调查时，在林内每隔 3～5 m 机械布点若干个，每个点上观测有无树冠覆盖的点数，据此计算郁闭度	数值型(%)	沼泽湿地或红树林海岸湿地调查点选填项
	土壤湿度	一定深度土层的土壤干湿程度的物理量	利用土壤水分传感器来测定，将土壤水分传感器埋设在 5 cm 深度，也可不同埋设深度，获取多层土壤湿度观测结果	补充调查指标，湿地调查点选填项，数值型（%）	沼泽湿地或红树林海岸湿地调查点选填项

注：湿地类调查点需要根据不同植被类型设置样方大小，其中森林湿地样方大小为 30 m×30 m；草本湿地样方大小为 1 m×1 m。

地质土壤类样本点调查指标包括基础指标和核心指标等 15 项，重点调查土壤环境质量评价指标（土壤机械组成、土壤有机质含量、土壤重金属含量）（表 4-4）。

表 4-4　地质土壤类原真地理特征野外调查拟采用指标说明

类别	指标名称	指标定义	指标测量方法	指标类型	指标获取性
基础指标	调查点位	调查点的经纬度	原真调查 APP 自动获取	数值型（°）	必填项
	海拔	调查点海拔	原真调查 APP 自动获取	数值型（m）	必填项
	坡度	地表单元陡缓的程度，通常把坡面的垂直高度和水平距离的比叫做坡度	采用 DEM 数据直接计算	数值型（°）	必填项
	坡向	坡面法线在水平面上的投影的方向，可理解为坡面所面对的方向	采用 DEM 数据直接计算	文本型	必填项

续表

类别	指标名称	指标定义	指标测量方法	指标类型	指标获取性
基础指标	坡位	指坡面所处的地貌部位	采用观察法,将坡位分为脊、上、中、下、谷 5 个坡位。 1)脊部:山脉的分水线及其两侧各下降垂直高度 15 m 的范围; 2)上坡:从脊部以下至山谷范围内的山坡三等分后的最上等分部位; 3)中坡:从脊部以下至山谷范围内的山坡三等分后的中间等分部位; 4)下坡:从脊部以下至山谷范围内的山坡三等分后的最下等分部位; 5)山谷(或山洼):汇水线两侧的谷地,若调查区域处于其他部位中出现的局部山洼,也应按山谷记载	文本型	必填项
核心指标	地貌类型	地貌形态成因类型	由 1:100 万中国地貌分区图获取地貌类型信息	文本型	必填项
	土地利用方式	即土地用途	通过野外调查予以断定,或者利用遥感影像进行解译	文本型	必填项
	地层岩性	地层岩性一般指岩性地层单位。岩性地层单位是指由岩性、岩相或变质程度均一的岩石构成的地层体,即以岩性、岩相为主要划分依据的地层单位	参考现有的地形图资料直接获取	文本型	必填项
	地质构造	在地球的内、外应力作用下,岩层或岩体发生变形或位移而遗留下来的形态	主要区分褶皱、节理、断层三种类型,野外人工断定	文本型	必填项
	土壤类型	按照土壤质地进行分类	将土壤分为砂质土、黏质土、壤土三类,具体依据《森林生态系统长期定位观测方法》(GB/T 33027—2016)相关要求执行。 砂质土:含砂量多,颗粒粗糙,渗水速度快,保水性能差,通气性能好; 黏质土:含砂量少,颗粒细腻,渗水速度慢,保水性能好,通气性能差; 壤土:含砂量一般,颗粒一般,渗水速度一般,保水性能一般,通气性能一般	文本型	必填项

续表

类别	指标名称	指标定义	指标测量方法	指标类型	指标获取性
核心指标	土壤含水量	土壤绝对含水量，即 100 g 烘干土中含有的水分量，也称土壤含水率	野外观测时采用时域反射仪（TDR）自动连续测定土壤剖面体积含水量。用烘干法测定区域调查点的土壤含水量	数值型(%)	必填项
	土壤 pH	土壤酸碱度	采用电位法测定	数值型（量纲为一）	必填项
	土壤机械组成	各个粒级在土壤中所占的相对比例或质量分数	采用吸管法测定	文本型	必填项
	土壤有机质含量	单位体积土壤中含有的各种动植物残体与微生物及其分解合成的有机物质的数量	采用重铬酸钾氧化法测定	数值型（%）	必填项
	土壤重金属含量	单位质量土壤中汞、镉、铅、铜、铬、镍、铁、锰、锌等的含量	采用便携式土壤重金属检测仪实测，或采集土样回实验室测定	数值型（mg/kg）	必填项

在此基础上，开展并完成了全部采样数据的测试化验分析，涵盖水样理化性质分析、重金属成分分析、大气样品四气两尘［包括一氧化碳（CO）、二氧化氮（NO_2）、二氧化硫（SO_2）、臭氧（O_3），以及 $PM_{2.5}$ 与 PM_{10}］含量、土壤 pH、土壤机械组成、土壤有机质含量、土壤重金属含量等指标分析。

样本点测试分析显示，全部样本点土壤环境质量和水环境质量基本达到国家标准规定的Ⅰ类标准水平，空气质量处于优级，生态系统处于健康状态；土壤重金属含量基本属于Ⅰ类地（国家自然保护区）的范围，并符合Ⅰ类地自然背景值水平，但个别样本点的个别重金属元素含量处于Ⅱ类标准，但对标《土壤环境质量 农用地土壤污染风险管控标准（试行）》（GB 15618—2018）农用地土壤污染风险筛选值（基本项目）标准，所有样本点的土壤环境受到的污染风险都较小。

4.4 原真地理特征野外调查示范

为寻找"美丽中国"生态文明建设对标的依据，进一步明确原真地理特征概念，科学划分原真地理特征类型以及系统掌握原真地理特征空间分异规律，原真地理特征野外调查必不可少。下面以贵州省施秉县、广东省龙川县以及青藏高原羌塘无人区三个典型示范区域为例，介绍原真地理特征野外调查结果。

4.4.1　贵州省施秉县原真地理特征野外调查

本次调研目的地为贵州省黔东南苗族侗族自治州施秉县，调研时间为 2019 年 7 月 1～3 日，调研路线如图 4-10 所示。根据施秉县空间范围形状，调研路线以施秉县城为中心依次向东、北、西北、西南和东南等方向延伸，调研里程数达 268.61 km，调研工作时间逾 20 小时，调研范围基本覆盖施秉县核心区域。调研点共 12 个，包括甘溪乡林下虫草养鸡示范基地、云台山、龙塘村等地，内容涵盖世界自然遗产、区域特色地形地貌、绿色生态种植/养殖业、休闲民宿/农业、传统村落等多个类型，为发现原真地理特征和总结生态文明模式提供了丰富的实例和素材。

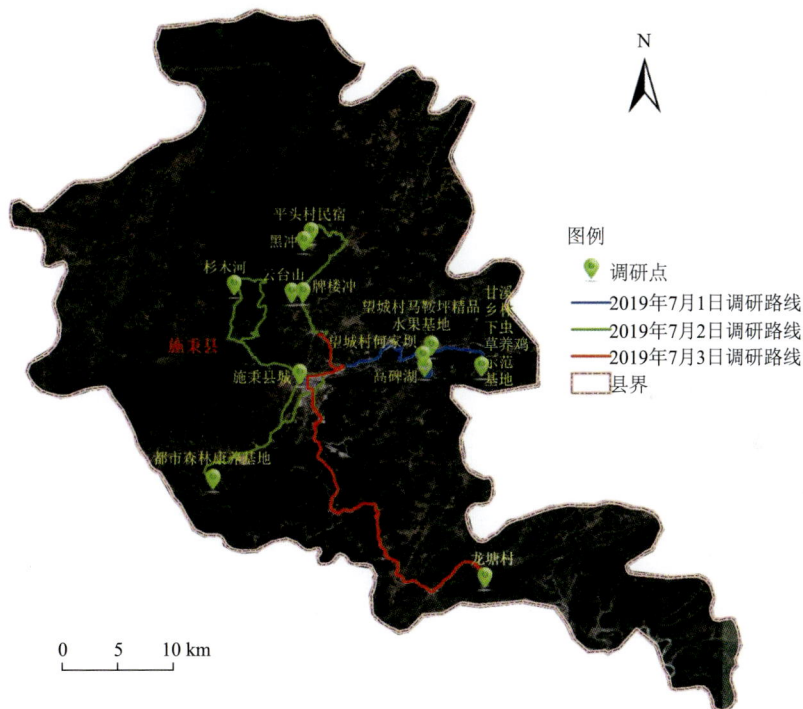

图 4-10　施秉县调研路线图

在调研前期，本书结合收集到的施秉县地形地貌、气候人口等数据，制作了包含地形特征图、基本地貌形态分布图、坡度分布图、周边流域水系图、土壤类型分布图和土地利用分布图专题图集（图 4-11），全面直观地反映了施秉县的具体地理信息，为开展施秉县调研做了基础介绍及科普，有助于调研的顺利开展。在调研期间，调研团队着重收集了以下资料：①贵州省 1∶25 万水系数据（2014）——包含 2014 年贵州省 1∶25 万水系数据的矢量数据实体、数据样例、数据文档和缩略图;②《施秉县水利志》——出版时间为 2007 年,时间跨度为 1987～2007 年,介绍了施秉县地理环境、水利基础设施建设、小水电建设、水利工程管理、洪旱灾害与防汛抗旱、水土保持、水利管理机构建置沿革、干部职工队伍建设、党群组织、行政管理与法制等信息;③县内流域水系、水库空间数据、潕阳河等河流水文观测数据。本次考察基本完成了施秉县原真地理特征如高碑湖宽阔水域、云台山喀斯特地貌、黑冲岩溶地貌景观、龙塘村传统苗寨,生态文明模式案例如"企业+村集体合作社+贫困户""抱团发展模式"、多级人工处理与植被吸附相结合的环境治理模式等的调研,以及本底数据(气温、降水、土地利用、生物多样性等)的收集任务。

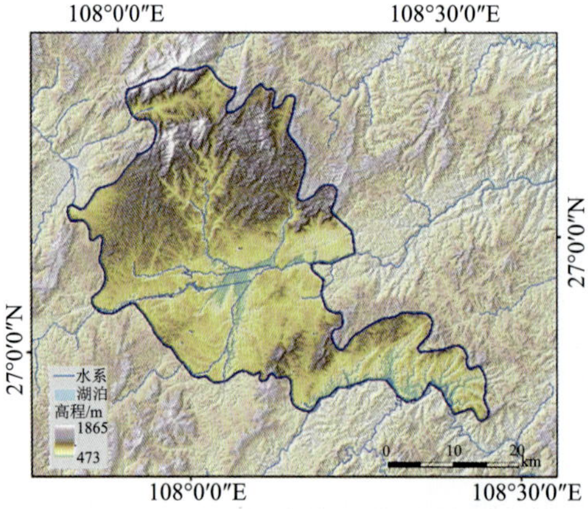

(a) 施秉县地形特征

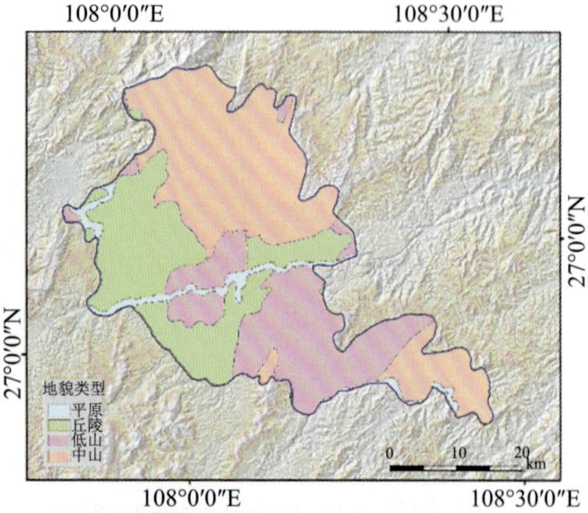

(b) 施秉县基本地貌形态分布

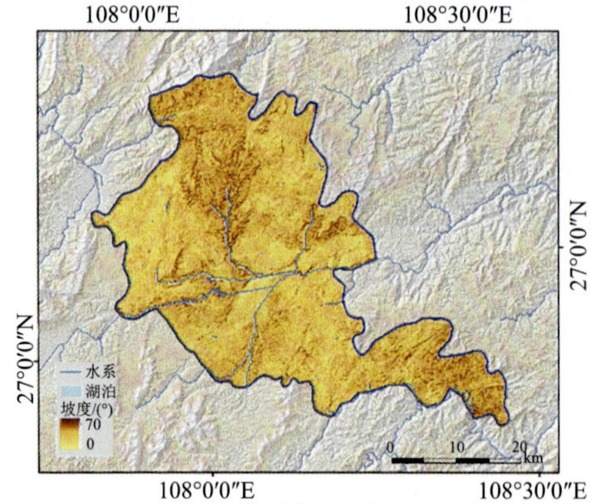

(c) 施秉县坡度分布

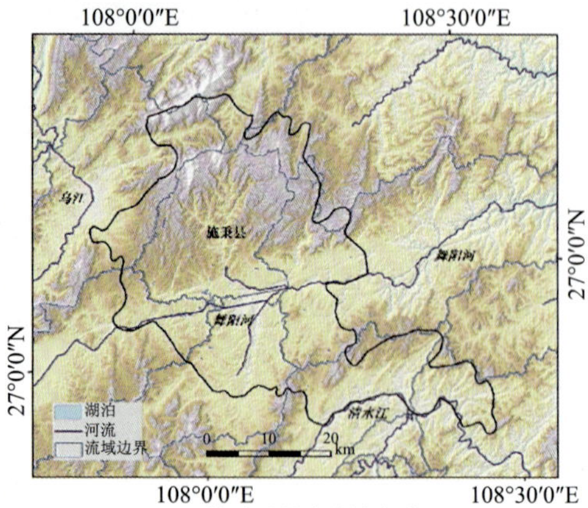

(d) 施秉县周边流域水系

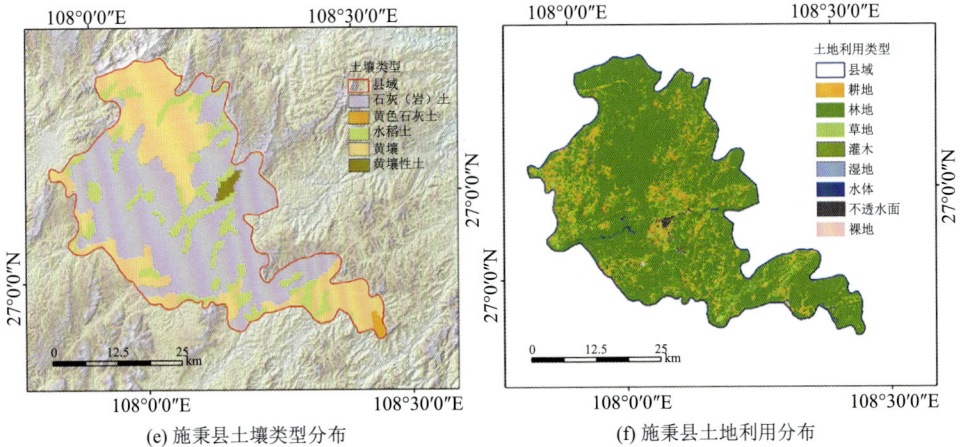

(e) 施秉县土壤类型分布　　　　　　　　　　(f) 施秉县土地利用分布

图 4-11　施秉县地理信息专题图集

4.4.2　广东省龙川县原真地理特征野外调查

位于粤东北的龙川县不仅具有深厚的历史文化底蕴,还具有丰富的自然资源,2020 年全县森林面积 21.48 万 hm^2,自然保护区面积 2.66 万 hm^2,活立木蓄积量 738.58 万 m^3,森林覆盖率达 70.95%,是原真地理特征保护较好的区域。龙川县在编制国土空间规划时,亟须摸清龙川县原真地理特征并划定保护区,同时提供生态文明建设对标模式。因此,将龙川县作为华南地区的示范县,开展原真地理特征及生态文明模式相关资料的收集与实地调查。本次调研时间为 2019 年 9 月 11~12 日。研究团队由松林宾馆出发,调研路线以龙川县城为中心依次向北、东北、西南和东南等方向延伸,总里程达 203 km,工作时间逾 10 小时,调研点包括枫树坝省级自然保护区、霍山景区、龙川县省级工业园区和佗城,调研路线如图 4-12 所示。内容涵盖自然保护区、风景名胜区、历史文化名城、现代工业园等类型,为发现原真地理特征提供了丰富翔实的案例和素材。

调研期间,研究团队完成了枫树坝省级自然保护区、霍山景区丹霞地貌等区域的原真地理特征调查,同时广泛收集生态文明建设模式的案例,如龙川县省级工业园区全产业链模式、佗城旅游-农业-工业协调发展模式等,详细记录下这些成功案例的内在条件和外在环境,从而为分析其形成和复制条件奠定基础。除了实地考察调研外,还完成了更为广泛的本底数据的收集任务。

在调研前期,研究团队首先明确在此次调研中需要收集的龙川县具体地理信息,有助于龙川县政府配合进行地理数据的分类收集。在调研期间,重点考察了龙川县范围内潜在原真地理特征保持区域,通过详细记录各区域的地形地貌、气候环境、生物植被类型以及水文地质条件等因素,为后期进一步分析原真地理特征孕育条件和空间分异规律提供支撑。数据收集方面主要包括龙川县地形地貌、

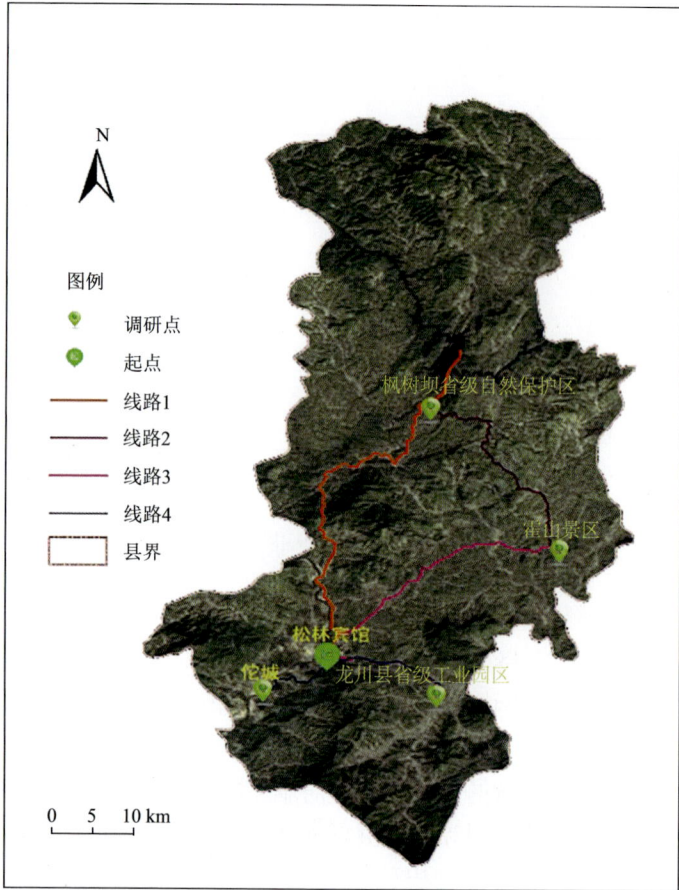

图 4-12　龙川县调研路线图

土壤类型、流域水系、气温气候、降水数据等。本次调研的最后环节是举行龙川县委、县政府与中国科学院"美丽中国"生态文明建设原真地理特征与区划研究团队座谈会，会议旨在交流龙川县在发展过程中遇到的问题以及应对措施。本次调研结合龙川县地理特征以及全球气候变化提出：龙川县自然保护区的建设以及城市绿色持续发展应当遵循环境、气候变化趋势，顺应自然演变规律。

　　本次龙川调研总体行程可以用"时间短、任务重、收获多、期望大"来概括。短短两天的时间，研究团队走访调查了龙川县自然保护区、自然旅游区、历史文化古迹等多种类型的原真地理特征，掌握了龙川县的产业发展布局、总体建设规划，对龙川县的旅游资源、自然风光、社会经济、民俗文化有了较为全面的认识。调研过程中领略了龙川县的山美水美人美，但是也发现了龙川发展中面临的困境，如工业发展与环境保护的矛盾日益尖锐；工业基础薄弱，主要依靠外地转移的制造业；人才储备不足，劳动力净流出严重；旅游资源丰富，但旅游产业发展滞后；

农业发展同质化严重，缺少核心竞争力。面对这些问题，研究团队一行专家对龙川县的产业布局、规划发展、经济建设多个方面提出了宝贵的意见。相信在多方共同努力下，"美丽龙川"将会成为龙川县建设发展的指导思想，推动龙川协调可持续发展。

4.4.3　青藏高原羌塘无人区原真地理特征野外调查

青藏高原被认为是地球上海拔最高、面积最大、形成年代相对较年轻的高原之一，作为独特的地貌单元，青藏高原自然景观极具代表性，同时由于自然条件恶劣，人类活动对自然地理过程的干扰较小，尤其是位于青藏高原腹地的羌塘无人区，是开展原真地理特征研究的典型区域。

2019～2023 年研究团队四次前往羌塘高原开展了原真地理特征野外调查工作，包括羌塘高原南线—中线典型湖泊水深测量、水质要素观测以及湖泊周边地形数据采集工作。涉及地区包括尼玛县、班戈县、改则县、措勤县、昂仁县、康马县、浪卡子县等。野外调查任务具体分为 3 项：①开展典型湖泊水下地形实测，重点实测淡水湖泊，为估算青藏高原地区淡水湖泊总水量积累实测数据；调查采用无人测量船声呐测深系统进行水下地形测量，无人测量船集成了众多先进技术，具有高度无人化、自动化和智能化的特点；②开展典型湖泊水环境参数测量，重点测量盐度等理化参数的垂向特征和表面空间分异规律；③采集内流区典型河流高精度地形数据和水文参数信息，为开展河流径流量反演积累实测数据。调查采用无人机搭载激光雷达传感器和倾斜摄影测量设备获取高精度高程信息以及测区的高分辨率地形数据。通过无人机低空航摄水边线的影像资料，可以实现大范围岸线的高精度高程信息的快速获取。野外数据采集对开展青藏高原水要素维度的原真地理特征时空演变分析，验证遥感估算结果的可靠性等具有重要意义。野外实测工作及典型湖泊调查结果如图 4-13、图 4-14 所示。

图 4-13　青藏高原地区原真地理特征野外调研记录

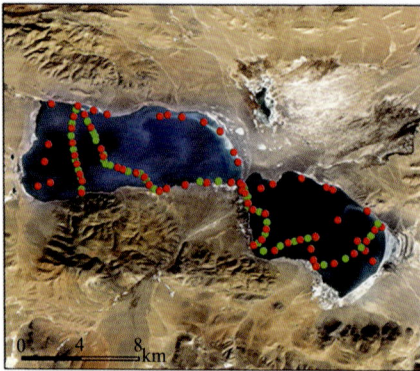

测深点：81个，戈芒错实测最大水深
56.24m，张乃错实测最大水深24.14m。

YSI实测点：69个

湖温：12.68～15.69℃

盐度：3.23～6.53 g/L

pH：9.85～10.12

溶解氧（DO）：5.56～6.05 mg/L

浊度（NTU）：0.82～8.32

叶绿素（Chl）：0.45～0.62 μg/L

图 4-14　青藏高原典型湖泊调查结果

图中红色点为测深点，绿色点为 YSI 实测点

4.5　原真地理特征数据库建设

　　基于中国原真地理特征调查采样以及原真地理特征区识别与原真度分级数据等，本书构建形成了中国原真地理特征数据库，并编制了"美丽中国原真地理特征区图集"。中国原真地理特征数据库主要包括三大类数据：原真地理特征基础指标数据、原真地理特征野外调查数据，以及原真地理特征区分布与原真度分级数据（表4-5）。

表 4-5　中国原真地理特征数据库的主要内容

序号	数据集名称	数据内容	时间分辨率	空间分辨率	数据类型
1	原真地理特征空间分布数据	原真地理特征空间分布与范围	1980～2020 年每十年间隔	公里格网	Geotiff
2	原真地理特征区植被指数数据集	植被指数数据包括归一化植被指数（NDVI）、增强型植被指数（EVI）数据	20 世纪 80 年代、2000～2015 年（逐月）		

续表

序号	数据集名称	数据内容	时间分辨率	空间分辨率	数据类型
3	原真地理特征区土地覆被数据集	基于马里兰大学土地覆被分类方法的土地覆被数据	1980～2020 年每十年间隔	公里格网	Geotiff
4	原真地理特征区净初级生产力数据集	基于 CASA（Carnegie-Ames-Stanford approach）模型计算的中国区域净初级生产力数据	20 世纪 80 年代、2001～2015 年（逐月）		
5	原真地理特征区气温数据集		1985～2015 年（逐月）		
6	原真地理特征区降水数据集	整理自"中国区域高时空分辨率地面气象要素驱动数据集"	1985～2015 年（逐月）		
7	原真地理特征区辐射数据集		1985～2015 年（逐月）		
8	原真地理特征区土壤质地数据集	整理自"基于世界土壤数据库（HWSD）的中国土壤数据集（v1.1）"	20 世纪 80 年代		
9	原真地理特征区土壤类型数据集		20 世纪 80 年代		
10	DEM 数据集	整理自 AW3D 30 m 分辨率 DEM 数据			
11	坡度数据集		2021 年		
12	坡向数据集	基于全球 AW3D 30 数据计算			
13	基本地貌类型数据				
14	流域数据集	流域数据 HydroBasin（第十二级）	数据来自 2006～2013 年	矢量文件	Shp
15	社会经济要素数据集	整理自统计年鉴，包含经济总产值、三产产值等指标	2010 年、2015 年	地级市	Excel 表格
16	人文要素数据集	整理自统计年鉴，包含人口数、受教育程度等指标			
17	野外调查样点数据集	样点叶面积指数、土壤 pH、有机质、氮、磷、钾等指标	2021 年	点数据	Excel 表格；图片；视频

　　在中国原真地理特征数据库的基础上，编撰了"美丽中国原真地理特征区图集"（图 4-15）。图 4-16～图 4-18 展示了图集中原真地理特征区分布（即有林地、灌木林、疏林地、草地、水域和未利用土地覆盖区域）、中国土壤侵蚀模数空间格局和中国水体质量原真性评价情况

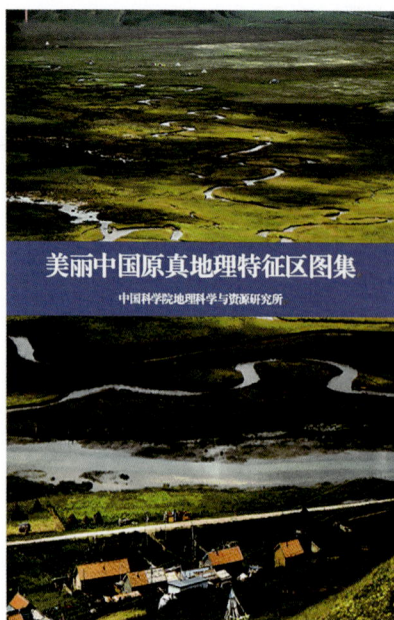

图 4-15　美丽中国原真地理特征区图集主要内容

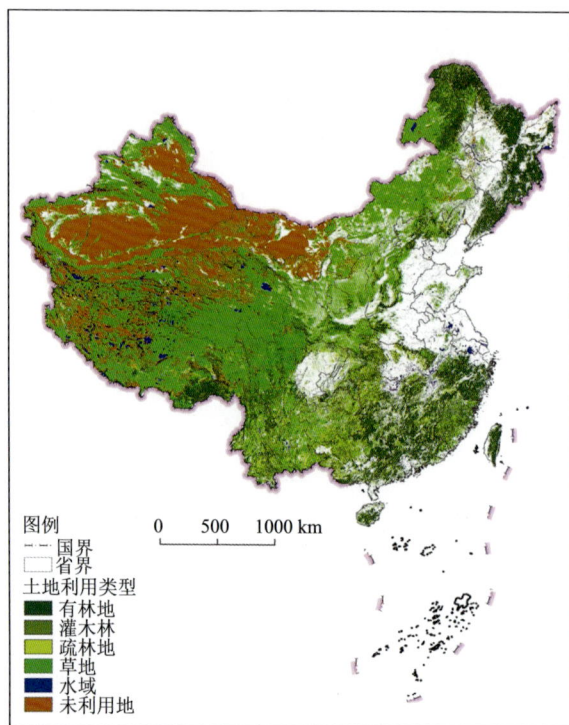

图 4-16　中国原真地理特征区分布图

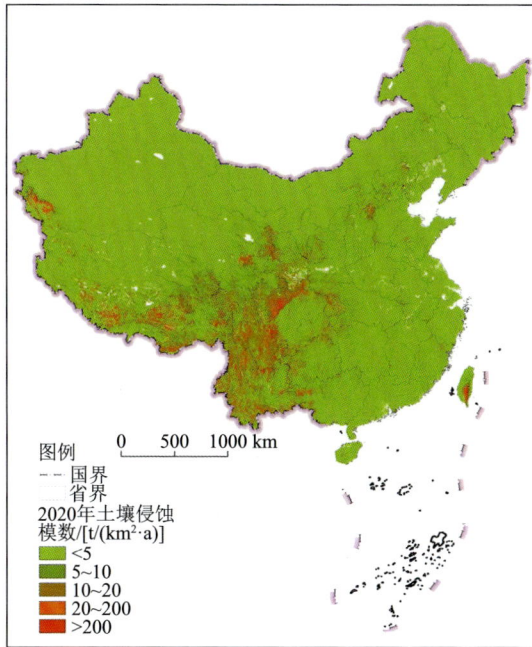

图 4-17　中国土壤侵蚀模数空间格局

土壤侵蚀模数是指单位时段内单位水平投影面积上的土壤侵蚀总量

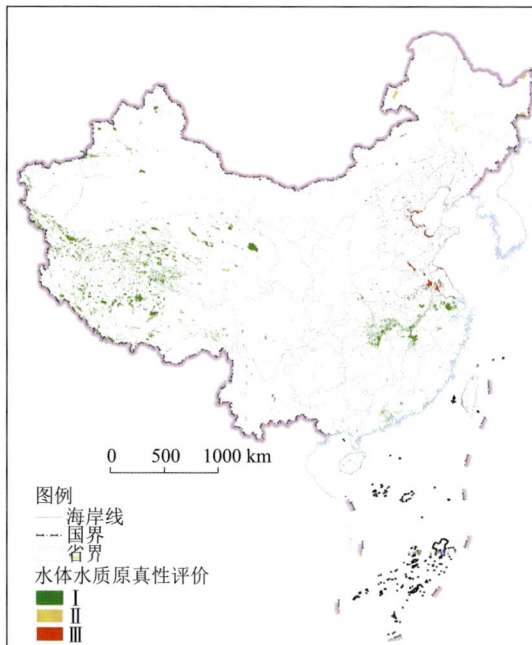

图 4-18　中国水体质量原真性评价

第 5 章　中国原真地理特征时空演变格局

5.1　原真地理特征区识别与演变格局

5.1.1　原真地理特征区识别方法

在原真地理特征识别方面，首先确定原真地理特征的初始时间点，然后确定识别指标并提出原真地理特征区识别方法，在此基础上完成原真地理特征区原真度评价。

1）原真地理特征初始时间点

原真地理特征初始时间点是原真地理特征区识别计算的时间基础。从中国工业发展的历程来看，20 世纪 80 年代初开始大规模、快速发展的工业化既是中国经济腾飞的起点，也是中国自然生态系统和资源环境受到人类活动大规模影响和干扰破坏的分界点。同时，从数据获取的角度，20 世纪 80 年代初（1982 年）美国发射了搭载 30 m 分辨率 Landsat 的 TM 4 遥感卫星，为全球及国家尺度开展大范围的资源环境变化监测提供了坚实的数据基础。因此，从中国自然资源与生态环境受人类活动干扰和影响的规律，以及可用的数据基础两个方面，本书将 20 世纪 80 年代初（1980 年）作为中国原真地理特征初始状态的时间起点。

2）原真地理特征区识别指标

由于原真地理特征区是由地貌、土壤、水体、生态系统等多种要素共同组成的自然综合体，而自然综合体的各类要素对人类活动干扰的反应及其程度各不相同。因此，必须选取一个能够综合反映大气、水分、地貌、土壤等自然特征，又对人类活动干扰敏感的指标来快速识别出原真地理特征区。土地利用/土地覆被是可以直接或通过遥感手段观测到的自然和人工植被及建筑物等地表覆盖物，是覆盖地表的自然和人工营造物的综合体。土地利用/土地覆被类型既可以充分反映自然地带性和非地带性规律，也可以敏感反映人类活动的干扰。因此，本书选择土地利用/土地覆被类型作为原真地理特征区识别的主要基础。

3）原真性判定标准

2015 年印发的《中共中央　国务院关于加快推进生态文明建设的意见》中专门提及要"对禁止开发的重点生态功能区，重点评价其自然文化资源的原真性、完整性"。因此，原真地理特征区主要针对生态空间。首先，剔除土地利用/土地覆被中的人工营造物（耕地、建设用地、水库坑塘）类型，提取林地、草地、水域、未利用地等自然型的土地覆被类型；然后，基于 20 世纪 80 年代至今的长时间序列（1980 年、1990 年、2000 年、2010 年、2020 年）的土地利用/土地覆被数据，判断林地（扣除各类园地、造林地、迹地等）、草地、水域（扣除水库坑塘）、未利用地的变化情况，提取 20 世纪 80 年代至今，整个过程土地利用/土地覆被类型始终没有变化（一直为林地、草地、未利用地）的区域作为原真地理特征区主体部分。同时，对于变化趋好部分（其他土地覆被类型变为林地、草地），依据 20 世纪 80 年代石玉林主编的《中国 1∶100 万土地资源图》的土地适宜性评价成果，形成补充部分（具体方法如下：对比 2020 年与 1980 年的土地利用类型，若某区域土地利用类型变为林地，且该区域在《中国 1∶100 万土地资源图》的土地适宜性评价中为宜林地，则将其识别为原真地理特征区；若土地利用类型变为草地，且该区域为宜牧地，同样识别为原真地理特征区）。原真地理特征区识别详细技术路线如图 5-1 所示。

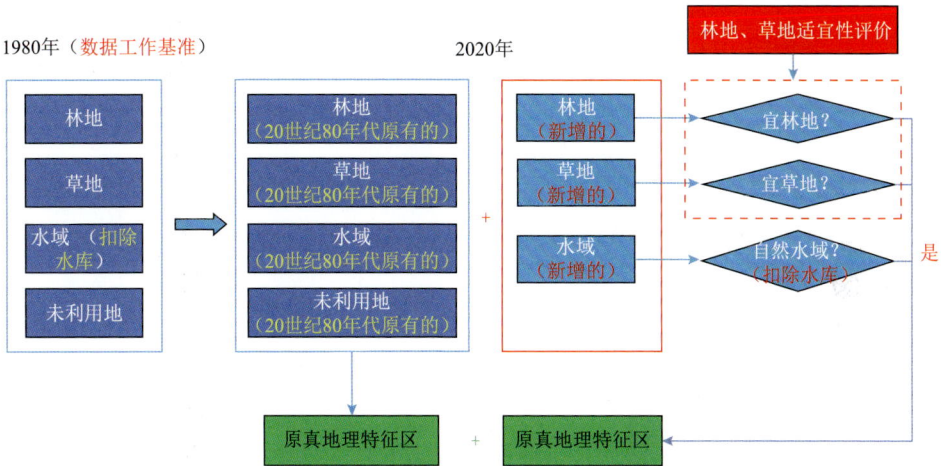

图 5-1　原真地理特征区识别技术路线

此外，原真地理特征区 2035 远景目标可基于 2020 年现状及潜在适宜性预估。具体地，原真地理特征区 2035 远景目标将以 2020 年原真地理特征区现状为基础，依据《中国 1∶100 万土地资源图》的土地适宜性评价成果，形成 2035 年原真地理特征区的预期目标，即 2020 年非原真地理特征区，但属于宜林地或宜牧地确定为未来应恢复的原真地理特征区。

5.1.2　中国原真地理特征区分析

利用原真地理特征区识别和原真度评价方法，系统分析 1980～2020 年（10
年间隔）的原真地理特征区分布及变化情况，以及 2020 年原真地理特征区原真度
分级情况。

总体来看，中国原真地理特征区面积呈现逐年下降的趋势（图 5-2）。1980
年中国原真地理特征区约为 754.65 万 km²（占全国陆地国土面积的 78.61%），1990
年为 738.83 万 km²（占 75.88%，较 1980 年下降 2.73 个百分点），2000 年为 726.04
万 km²（约占 74.61%，较 1990 年下降 1.27 个百分点），2010 年为 706.96 万 km²
（约占 72.94%，较 2000 年下降 1.67 个百分点），2020 年为 700.73 万 km²（约占
72.31%，较 2010 年下降 0.63 个百分点）。随着生态保护力度的加大，自 2000 年
后，原真地理特征区下降的速率明显降低，特别是 2010 年之后，其下降速率从
2010 年的 1.67 个百分点降至 2020 年的 0.63 个百分点。根据预测，到 2035 年，
随着国家生态文明建设和环境保护政策的持续推进，中国原真地理特征区面积有
望实现反弹增长，预计将达到约 805 万 km²（占全国陆地国土面积的 83%左右），
较 2020 年增加约 104 万 km²，占比提高约 10.7 个百分点。

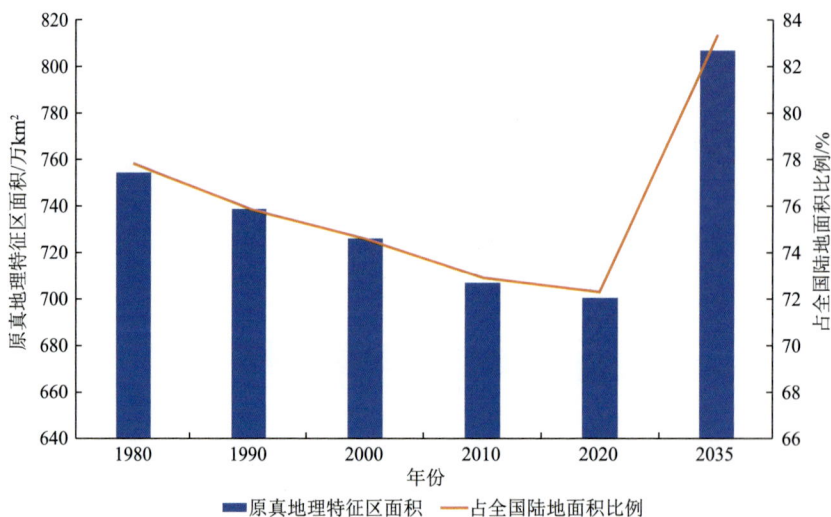

图 5-2　中国原真地理特征区面积及占比

从原真度构成来看，中国原真地理特征区综合原真度分级结果如图 5-3 所示：
一级原真区 537.14 万 km²（占全国原真地理特征区面积的 76.66%），二级原真区
128.73 万 km²（占全国原真地理特征区面积的 18.37%），三级原真区 34.86 万 km²
（占全国原真地理特征区面积的 4.97%）。

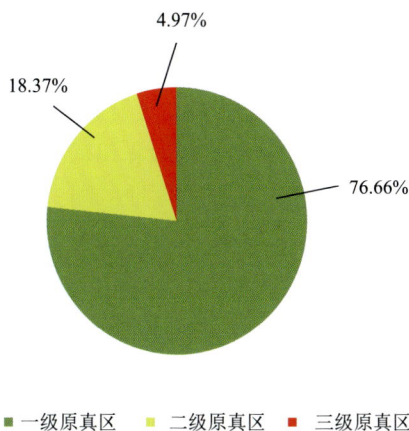

图 5-3　中国原真地理特征区原真度等级分布及面积占比

5.2　面向关键指标的中国原真地理特征时空变化规律

地理原真性本身是一个较为抽象的综合性评价,确定原真性评价指标是核心。在指标选取时主要遵循三个原则:①代表性,即所选择的指标能够在一定的维度体现原真性评价的内涵;②独立性,即指标与指标之间不存在显著的依赖关系;③可获取性,确定指标时还要考虑可获取的数据是否支持该指标的计算。最终,共确定了三个维度八个指标(表 5-1)。

表 5-1　中国原真地理特征原真性评价指标体系

原真维度	原真指标	指标解析
类型维度	类型转移指数	反映生态用地面积变化情况
	类型稳定度	反映土地类型稳定程度
结构维度	景观破碎度	反映人类活动对景观的干扰程度
	河流连通度	反映河流自由流动的程度
质量维度	湖泊透明度	反映湖泊水环境状态的变化情况
	土壤有机碳含量	反映土壤肥力以及碳循环的重要指标
	空气质量指数(AQI)	反映空气状况
	净初级生产力	反映植物生长情况和碳循环情况

(1)类型转移指数:依据 1980～2020 年土地利用数据计算并比较生态用地面积占比变化情况,结合变化趋势和程度予以原真性等级判断。其中,净现值变化

率（量纲为一）小于-0.02，分类为原真度低；净现值变化率小于 0.012 且大于或等于-0.02，分类为原真度中；净现值变化率大于或等于 0.012，分类为原真度高。最终得到中国原真地理特征区土地利用类型转移指数及原真性等级评价分布（图 5-4）。中国类型转移指数低原真度地区集中分布在东北和东部省市，中原真度区域主要位于内蒙古、新疆、西藏和青海等地，高原真度地区则主要分布在中国中部。

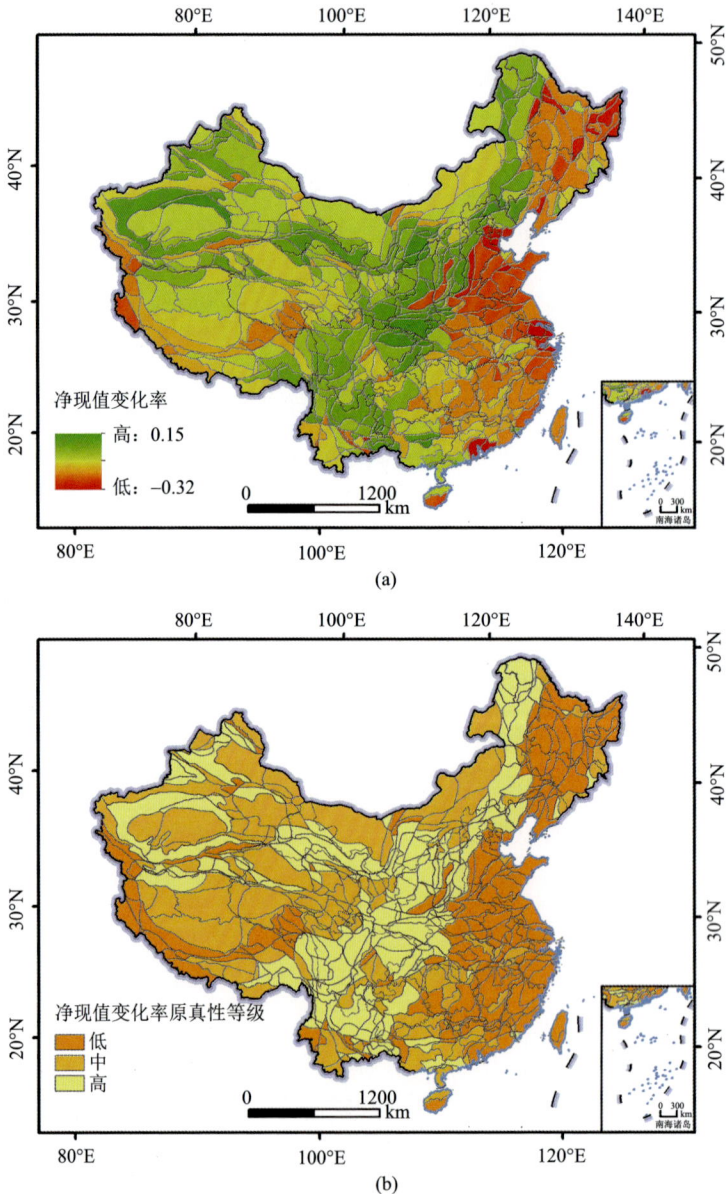

图 5-4   中国原真地理特征区土地利用类型转移指数（a）及原真性等级评价分布（b）

（2）类型稳定度：依据 1980~2020 年土地利用数据计算分析，结合面积统计的变异系数大小予以原真性等级判断。其中，变异系数（量纲为一）大于 0.44 分类为原真度低；变异系数小于或等于 0.44 且大于 0.29 分类为原真度中；变异系数小于或等于 0.29 分类为原真度高。最终得到中国原真地理特征区土地利用类型稳定度及原真性等级评价分布（图 5-5）。中国土地稳定度分布主要呈现出中、低原真度，其中，低原真度地区在中国离散分布，中原真度区域主要位于内蒙古、新疆、西藏和青海等地。

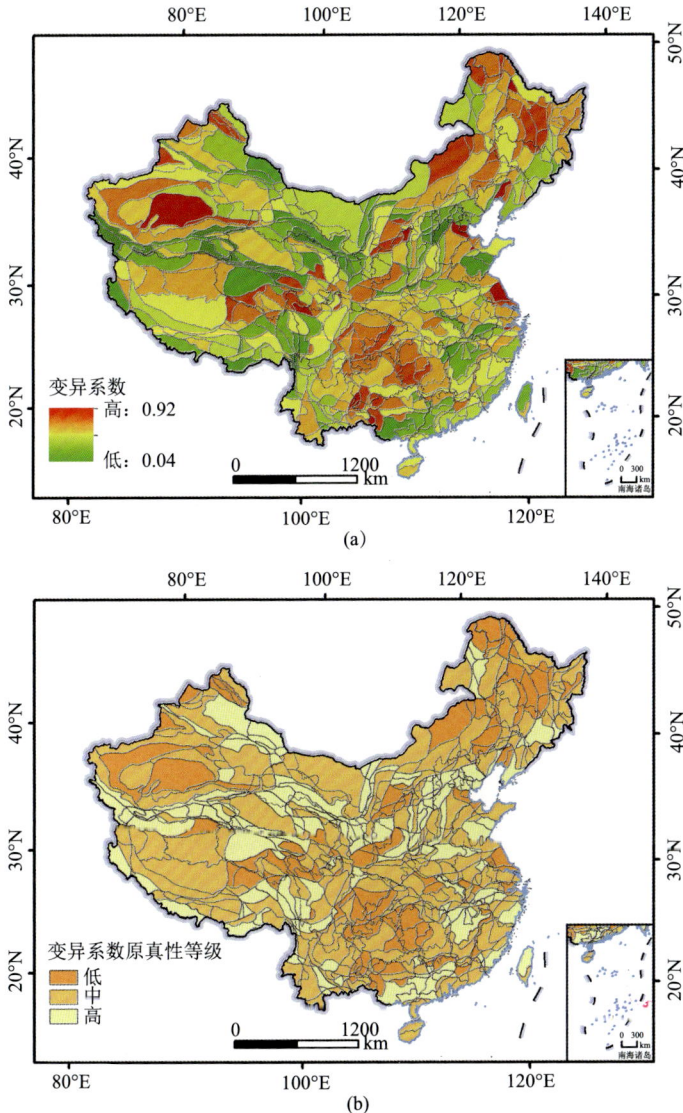

图 5-5　中国土地利用类型稳定度时空演变（a）及原真性等级评价分布（b）

（3）景观破碎度（景观破碎度变化率）：景观破碎度表征景观被分割的程度，反映了人类对景观的干扰程度。依据 1980~2020 年土地利用数据计算分析，结合变化趋势和程度予以原真性等级判断。其中，景观破碎度变化率显著降低（$P<0.05$）分类为原真度高；景观破碎度变化率无显著趋势分类为原真度中；景观破碎度变化率显著增加（$P<0.05$）分类为原真度低。最终得到中国原真地理特征区生态用地景观破碎度及原真性等级评价分布（图 5-6）。中国生态用地景观破碎度分布特征呈现显著的东西差异，高原真度地区集中分布在新疆和西藏两个地区，中原真度地区则主要位于中国东北和南方。

（4）河流连通度（河流连通度变化率）：河流连通度反映了人工修筑大坝等对河流自然流动的改造程度。中国河流连通度格局分布（1980~2020 年）是基于中国水库大坝数据集中的大型水库数据，通过计算 1950~2020 年每隔十年的河流连通度指数，并统计各省（区、市）范围内河流的连通度的均值所得。以 2020 年为例（图 5-7），西藏和青海由于水系破碎程度低、截留少，河流连通度指数最高，其河流连通度指数平均值都在 99.5 以上；台湾、内蒙古、陕西次之，省（区）平均值在 98.5~99.1；湖北、北京、山东、天津因调节、截留、用水量、河岸建设多，河流连通度指数最低，在 84.5~92.6；其他省（区、市）河流连通度指数平均值在 92.7~98.5。结合变化趋势和程度予以原真性等级判断。其中，河流连通度变化值（量纲为一）等于 0 分类为原真度高；变化值大于 0 且小于或等于 1 分类为原真度中；变化值大于 1 分类为原真度低。最终得到中国原真地理特征区

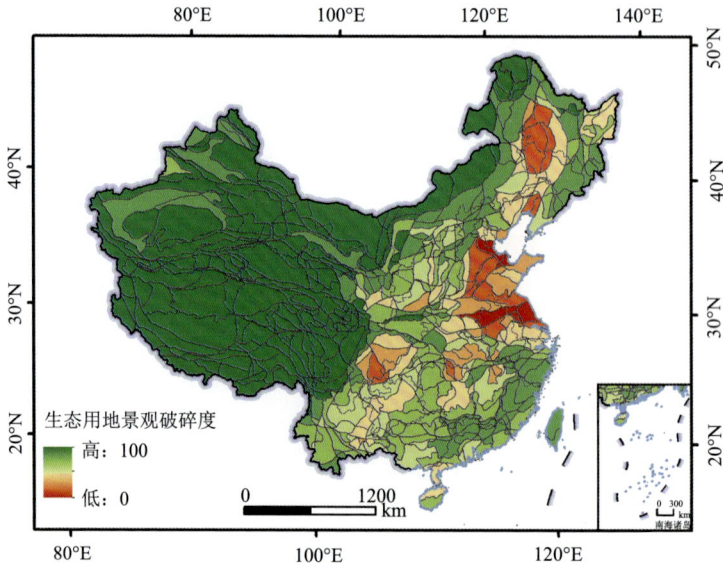

(a)

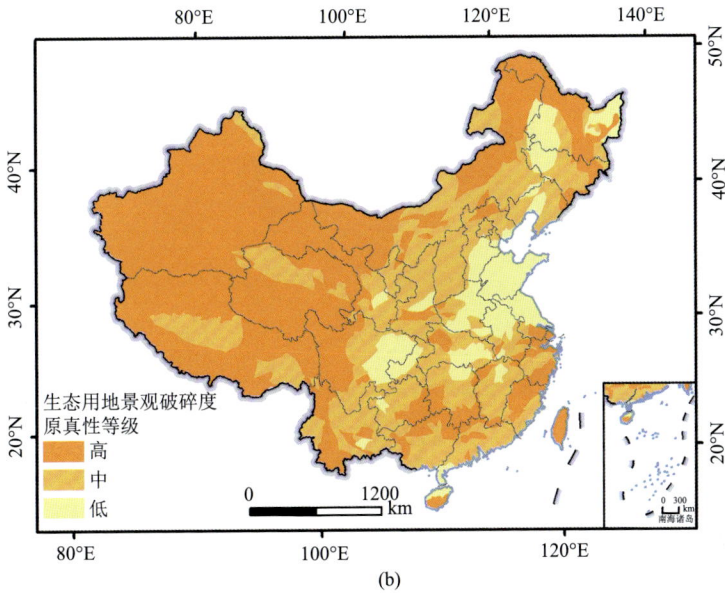

图 5-6　中国原真地理特征区生态用地景观破碎度（a）及原真性等级评价分布（b）

河流连通度及原真性等级评价分布（图 5-7），高原真度地区集中分布在内蒙古高原和青藏高原，其余地区主要表现为低原真度。

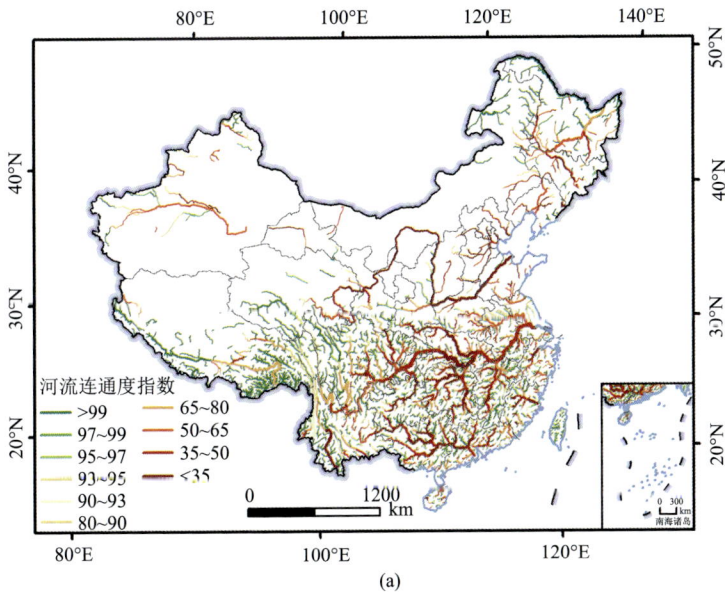

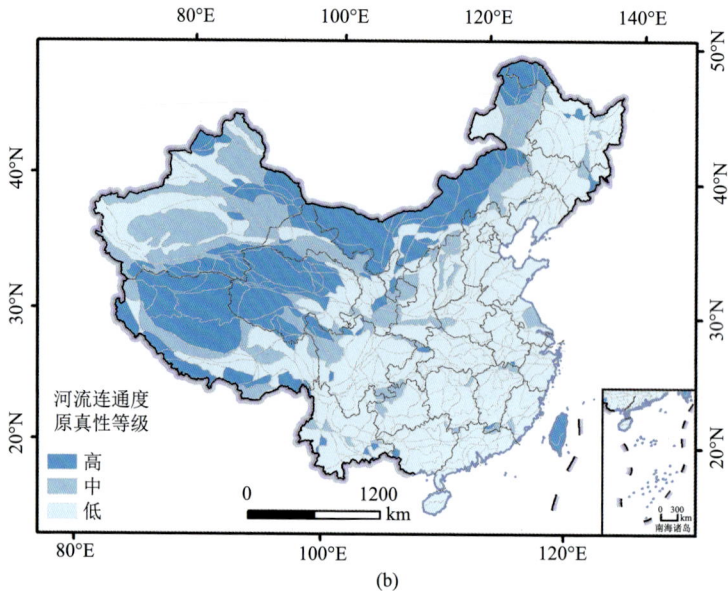

(b)

图 5-7　中国原真地理特征区河流连通度（a）及原真性等级评价分布（b）

（5）湖泊透明度（湖泊透明度变化率）：湖泊透明度变化率反映了地表水重
要代表湖泊的水环境状态的变化情况。湖泊透明度显著增加（$P<0.05$）的分类为
原真度高；无显著变化趋势的分类为原真度中；透明度显著降低（$P<0.05$）的分
类为原真度低。最终得到中国原真地理特征区湖泊透明度及原真性等级评价分布
（图 5-8），高原真度地区主要位于青藏高原，青藏高原也是中国湖泊分布最为密
集的地区，低原真度地区则主要分布在新疆、内蒙古等地。

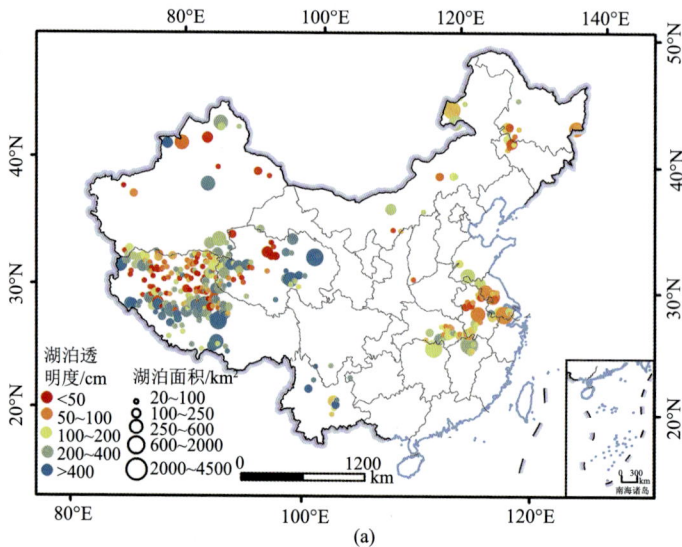

(a)

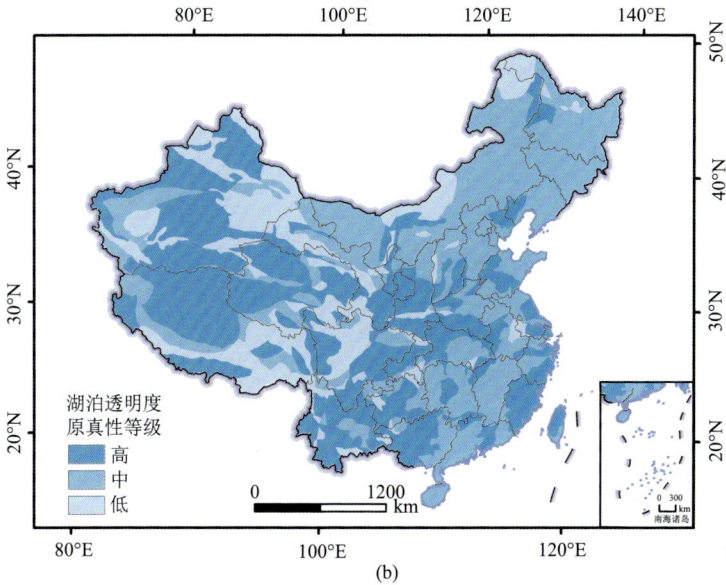

图 5-8　中国原真地理特征区湖泊透明度（a）及原真性等级评价分布（b）

（6）土壤有机碳含量（土壤有机碳含量变化）：土壤有机碳含量是表征土壤肥力的关键变量。1980～2010 年中国土壤有机碳含量格局分布图的数据由中国科学院南京土壤研究所提供，并据此绘制了该图。以 2010 年为例（图 5-9），黑龙江和四川由于土壤微生物作用条件好，土壤有机碳含量最高，两个省份的土壤有机碳含量平均值都在 20 g/kg 以上；西藏、青海、吉林和台湾的土壤有机碳含量

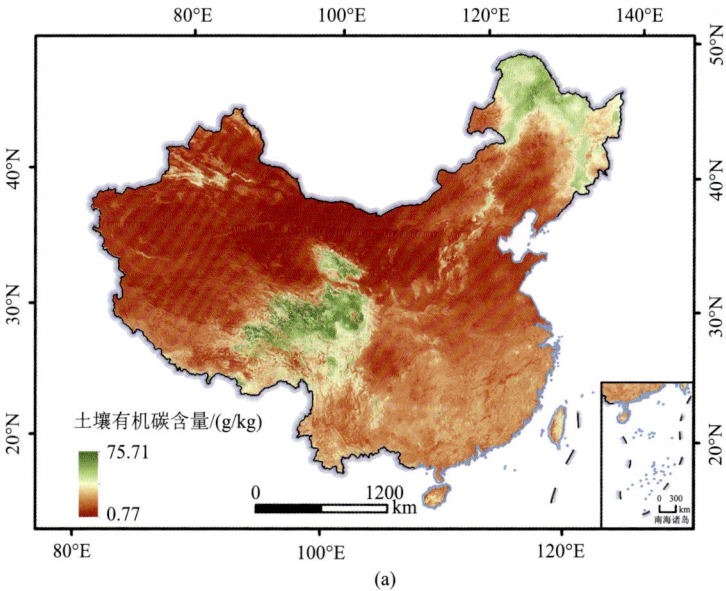

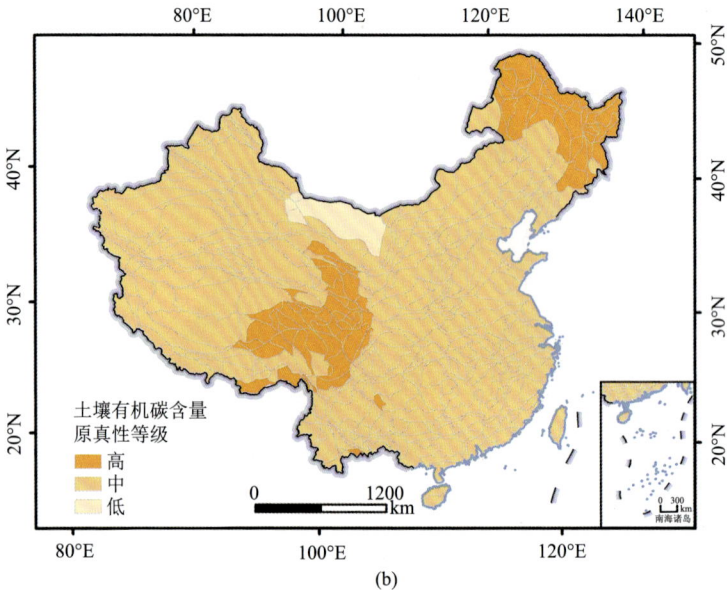

图 5-9　中国原真地理特征区土壤有机碳含量（a）及原真性等级评价分布（b）

次之，均值在 19～20 g/kg；云南和福建的土壤有机碳含量平均值在 16.9～
17.5 g/kg；广西、湖南、广东、海南土壤有机碳含量平均值在 16.0～16.9 g/kg；
其他省份土壤有机碳含量平均值在 16.0 g/kg 以下。1980～2010 年，黑龙江、四
川、青海、吉林和台湾土壤有机碳均值增量最高，在 17.5 g/kg 以上；天津、山东、
新疆、宁夏土壤有机碳均值增量最低，在 5.6～8.3 g/kg。结合两期中国尺度土壤
调查数据予以原真性等级判断，土壤有机碳含量变化值大于 5 分类为原真度高；
变化值小于或等于 5 且大于或等于–5 分类为原真度中；变化值小于–5 分类为原
真度低。除黑龙江、宁夏、甘肃、四川、重庆等省市分类为高原真度外，中国其
余地区基本表现为中原真度。

　　（7）空气质量指数：空气质量指数是反映空气污染的综合指标。空气质量是
与居民健康直接相关的指标，也是美丽中国生态文明建设中需要重点改善的维度。
空气质量指数（AQI）是定量描述空气质量状况的量纲为一的指数，其数值越大
污染物级别和类别越高，空气污染状况越严重，对人体的健康危害也就越大。参
与空气质量评价的主要污染物为细颗粒物、可吸入颗粒物、二氧化硫、二氧化氮、
臭氧、一氧化碳六项。AQI 共分六级，从一级优、二级良、三级轻度污染、四级
中度污染，直至五级重度污染，六级严重污染。

　　中国空气质量指数（AQI）空间格局数据（2010～2020 年）的原始数据及监
测站点分布数据来源于中国城市空气质量实时发布平台（https://air.cnemc.cn:
18007/），依据计算得到的空气质量分指数，取相应地区空气质量分指数的最大

值为空气质量指数，再通过栅格化处理得到空间分布图（图 5-10），其中，东北、西北和西南大部 AQI 较低，空气质量较优；华北平原、山东、江苏等地 AQI 中等，需要注意加强保护措施。2010～2020 年，中国大部地区 AQI 由高转低，华北平原、山东、江苏等地空气质量转好趋势明显。结合大气环境标准予以原真性等级判断，基于 AQI 测度，参照国家大气质量标准，分级方法如下：AQI<50 分类为原真度高；AQI≥50 且 AQI≤100 分类为原真度中；AQI>100 分类为原真度低。最终得到中国原真地理特征区空气质量指数原真性等级评价分布［图 5-10（b）］。

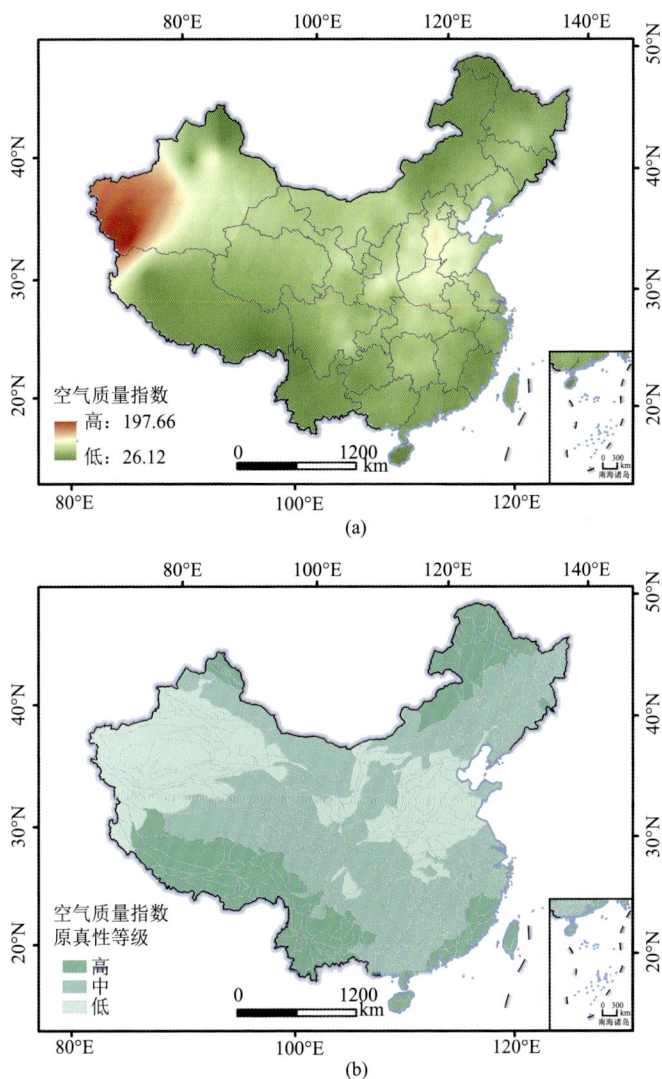

图 5-10　中国原真地理特征区空气质量指数（a）及原真性等级评价分布（b）

（8）净初级生产力：净初级生产力是表征植被活动的关键变量。初级生产力，是指生态系统中植物群落在单位时间、单位面积上所产生有机物质的总量。一般以每天、每平方米有机碳的产量（质量数）表示。初级生产力又可分为总初级生产力和净初级生产力。总初级生产力（GPP）是指单位时间内绿色植物通过光合作用途径所固定的有机碳量（又称总第一性生产力），GPP 决定了进入陆地生态系统的初始物质和能量。净初级生产力则表示植被所固定的有机碳中扣除本身呼吸消耗的部分，这一部分用于植被的生长和生殖（也称净第一性生产力）。两者的关系为净初级生产力=总初级生产力−自养生物本身呼吸所消耗的同化产物。

中国陆地生态系统净初级生产力格局分布图（1980～2015 年）是基于 CASA 模型利用气象数据、土壤数据、土地覆被数据及遥感植被指数数据（AVHRR NDVI 和 MODIS EVI）估测所得。以 1985 年为例（图 5-11），海南岛、云南南部由于雨热条件好，年净初级生产力最高，在 550 g/（$m^2·a$）（以 C 计）以上；青藏高原东南部、两广南部、福建、台湾岛大部、秦岭的年净初级生产力次之，为 400～550 g/（$m^2·a$）（以 C 计）；大、小兴安岭、长白山地区、华北平原、云南北部、四川大部的净初级生产力在 200～400 g/（$m^2·a$）（以 C 计）；三江平原、内蒙古东部、新疆北部的净初级生产力在 100～200 g/（$m^2·a$）（以 C 计）；其他地区包括内蒙古西部、新疆南部、甘肃西部的净初级生产力在 100 g/（$m^2·a$）（以 C 计）以下。结合时序数据的变化趋势及其显著性特征予以原真性等级判断，净初级生产力显著增加（$P<0.05$）分类为原真度高；无显著变化趋势分类为原真度中；显

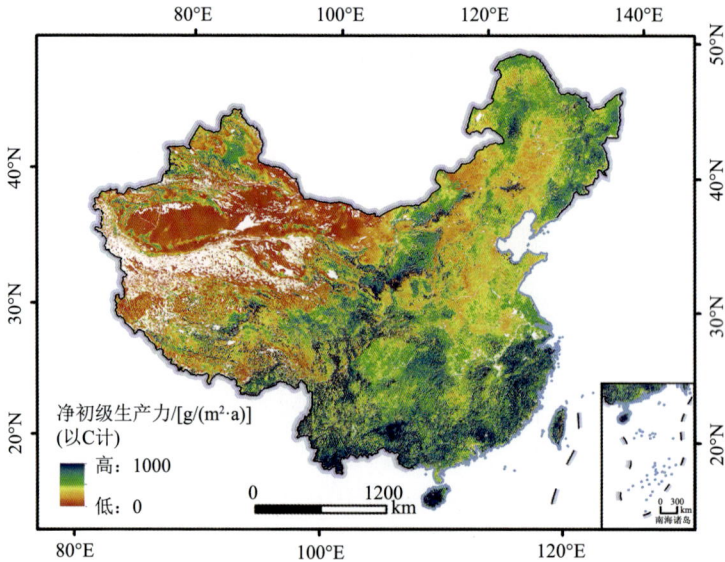

(a)

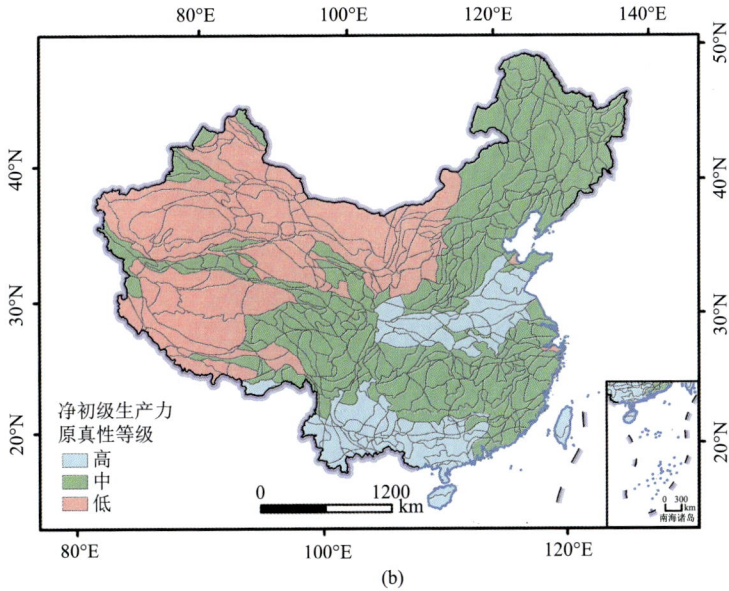

(b)

图 5-11　中国原真地理特征区净初级生产力（a）及原真性等级评价分布（b）

著降低（P<0.05）分类为原真度低。按此分级，得到的中国原真地理特征区净初级生产力原真性分级如图 5-11 所示，高原真度地区主要分布在云南、贵州、广西、广东、山东和河南等省区，低原真度地区则集中分布在中国西部省区（如新疆、西藏、青海、内蒙古等）。

5.3　面向标志事件的中国原真地理特征时空变化规律

2012 年 11 月，党的十八大通过《中国共产党章程（修正案）》，将生态文明建设写入党章并作出阐述，中国特色社会主义事业总体布局更加完善，生态文明建设的战略地位更加明确。本书进一步选择了原真地理特征区划中所涉及的核心指标，揭示了党的十八大前后原真地理特征的时空演变规律。

1）空气质量时空演变特征

本书采用了中国城市空气质量实时发布平台（http://www.cnemc.cn/）提供的 2008～2020 年的统计数据。通过创建覆盖中国陆地范围的 0.5 度格网矢量，分区统计计算每个格网每期空气质量指数，计算每个格网的显著性 P 值和相关系数 R（P<0.05 且 R>0 显著增加，P<0.05 且 R<0 显著减少，其余的无显著性变化），结果如图 5-12 所示。总体而言，中国空气质量总体呈现好转趋势，特别是华北平原、长江中下游地区的 AQI 指标均呈现出显著下降趋势。

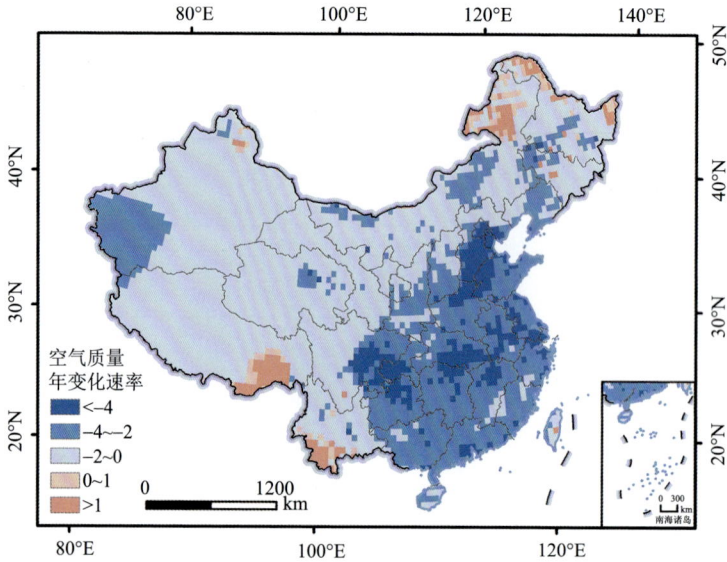

图 5-12　2008～2020 年空气质量变化速率分布图

　　时间尺度的分析表明：从 2008～2012 年中国 AQI 指标相对稳定，下降趋势和幅度并不明显，2012 年以来则显著下降（图 5-13）。2012～2020 年，空气质量指数年均减少 4.43。2012 年前后的统计趋势的显著差异表明：党的十八大以来，通过生态文明建设，中国主要城市的空气质量得到有效提升，对人民群众的生命安全的保障和自然环境的改善起到了积极作用。

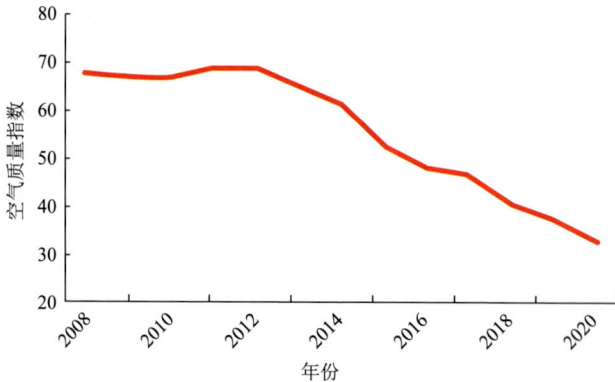

图 5-13　2008～2020 年中国空气质量指数随时间变化趋势

　　2）湖泊透明度时空演变特征

　　本书从国家青藏高原数据中心网站（http://data.tpdc.ac.cn）下载了 1984～2018 中国湖泊透明度数据，选取了 2000 年以来的结果进行了趋势分析（图 5-14）。结果表明：中国湖泊透明度均值从 2000 年的 88 cm 上升到 2018 年的 121 cm，增加趋势明显。其中 2012 年前增幅较为缓慢，年均增长不足 0.1 cm；2012 年以来，湖泊透明度增长速率大幅提升，年均增幅达到了 1.96 cm。透明度显著上升湖泊的数量占比达到了 55.42%，只有 3.49% 的湖泊其透明度显著下降。湖泊透明度的上升是湖泊水环境改善的直接证据，表明生态文明建设以来，水变"清"了。

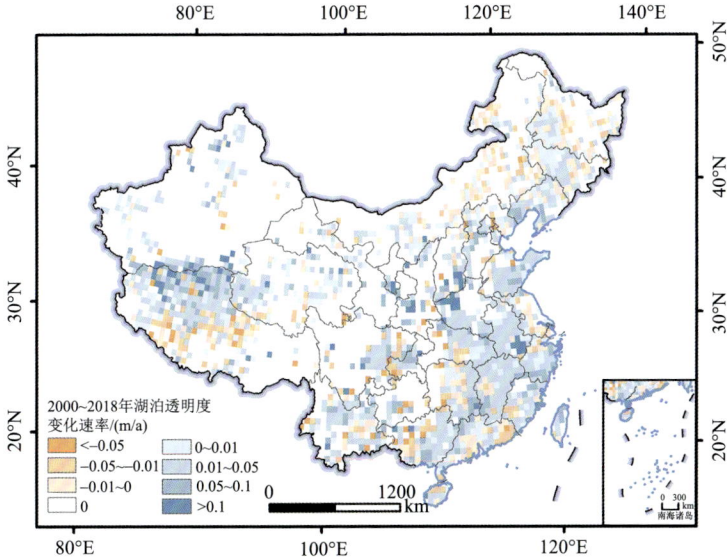

图 5-14　2000～2018 年湖泊透明度变化速率分布图

湖泊透明度及其变化也呈现显著的区域差异性。2000～2018 年（图 5-15），青藏高原湖区的湖泊水质最清澈，平均值为（3.32±0.38）m，东北湖区的湖泊透明度最低〔平均值为（0.60±0.09）m〕。在五个湖区，除蒙新湖区外，其他湖区湖泊总数的一半以上其湖泊透明度都呈现出增加趋势，尤其以 2012 年后增加趋势更加显著。显著增加的典型代表是位于青藏高原的阿其克库勒湖，该湖泊 2000

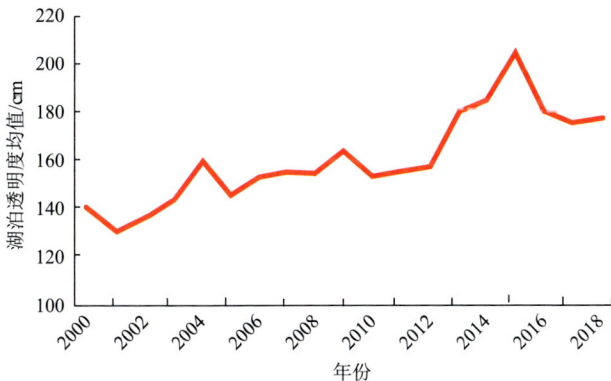

图 5-15　2000～2018 年中国湖泊透明度均值年际变化

年透明度仅为 2.55 m，之后以每年约 20 cm 的幅度飞速增加，到 2018 年，该湖泊的透明度已达到了 6.14 m。与之相对应，滇池、洱海等湖泊透明度总体呈下降趋势。2000~2012 年，滇池透明度从 1.10 cm 减少到 0.80 cm，该下降趋势在 2012~2018 年有所减缓，但该区域仍需加强对湖泊污染的治理与管控。

3）净初级生产力时空演变特征

本书选用了中国陆地生态系统逐月净初级生产力 1 km 栅格数据集（1990~2020 年）（http://www.geodoi.ac.cn/WebCn/doi.aspx?Id=1212）。1990~2020 年，中国净初级生产力总体呈现上升趋势（图 5-16），年均增加 0.25 kg/m^2（以 C 计）。1990~2012 年，净初级生产力年均减少 0.01 kg/m^2（以 C 计）；2012~2020 年，净初级生产力年均增加 0.26 kg/m^2（以 C 计）。前后的总体趋势相差较大，在经济高速发展背景下，净初级生产力持续增加，这表明自推动生态文明建设以来，中国植被的固碳能力显著改善。

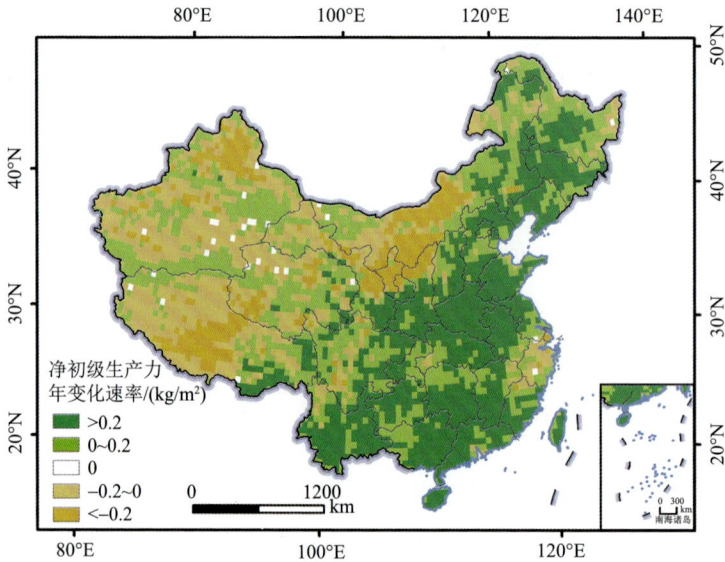

图 5-16　1990~2020 年净初级生产力变化速率分布图

在区域上，中国不同地区的净初级生产力变化差异性较大。其中净初级生产力显著增加的区域有东北地区、华东地区、华中地区和华南地区，表明这些地区在经济的高速发展下也能提升植被的生态质量（图 5-17）。

4）林地面积时空演变特征

森林是陆地生态系统中最大的碳库，在降低大气中温室气体浓度、减缓全球气候变暖中，具有十分重要的独特作用。在美丽中国生态文明建设和"双碳"目标中，遏制森林被毁，增加林地面积是一项重要工作。本书基于武汉大学黄昕

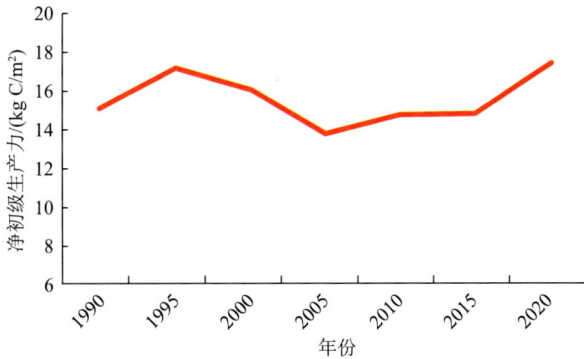

图 5-17　中国净初级生产力均值

教授团队研发的中国 30 m 分辨率土地利用数据，分析了 2000~2020 年的中国林地面积变化。

　　根据土地利用数据分析，总体上，近二十年来中国林地面积呈现上升趋势，年均增长 2256.13 km²，党的十八大前后的增加趋势基本一致（图 5-18、图 5-19）。其中以秦岭地区、北京周边地区增加最为显著。各主要大区的变化则呈现一定的差异。西南地区林地面积整体呈现上升趋势，年均增长 909.225 km²；党的十八大前增长速率为 595.194 km²/a，党的十八大后增长速率上升到 1261.800 km²/a，林地面积显著增加。华北地区林地面积整体呈现上升趋势，年均增长 823.127 km²；党的十八大前增长速率为 837.339 km²/a，党的十八大后增长速率为 711.140 km²/a，前后的总体趋势基本一致，林地面积保持稳定和小幅上升。东北地区林地面积整

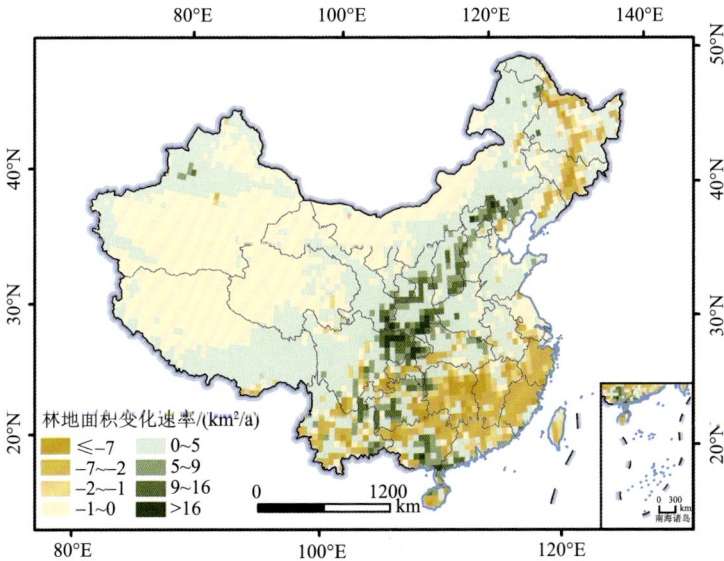

图 5-18　2000~2020 年林地面积变化速率分布图

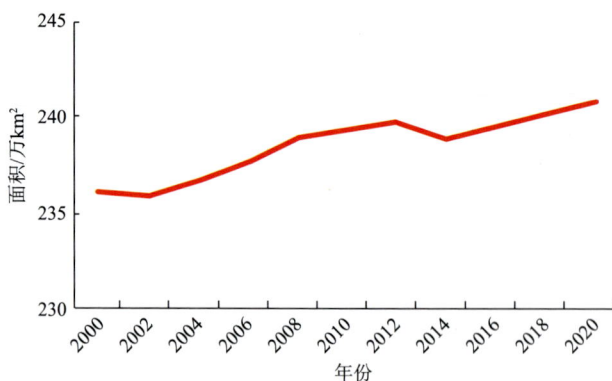

图 5-19　2000～2020 年中国林地总面积变化

体呈现下降趋势,年均减少 237.930 km²;党的十八大前减少速率为 171.762 km²/a,党的十八大后减少速率为 307.070 km²/a。华东地区林地面积整体也呈现下降趋势,年均减少 358.950 km²。西北和青藏高原地区林地总体呈现增加趋势,但增加幅度较小。

第6章　中国原真地理特征区划

6.1　中国原真地理特征区划技术方案

6.1.1　中国原真地理特征区划的总体目标

原真地理特征区划旨在揭示不同资源配置和人类活动干扰下，不同区域的自然系统演变是否具有原真性，具有不同原真性特征的地理要素其分布组合呈现怎样的空间格局？具有不同原真度的区划单元内水、土、气、生等地理要素的本底条件和演变特征的时空异质性如何，受哪些因素影响。因此原真地理特征区划的关键是：如何刻画和测度地理特征的原真性等级？要识别原真性等级需要理解以下三个概念。

原真地理特征区划的基准点：原真性并非要恢复到荒野状态，而是要充分考虑自然系统所处的历史状态，以恢复到自然系统相对稳健、有利于人民福祉和幸福生活的某种历史状态为目标。结合中国社会发展现状、生态文明建设历史背景、原真性测度数据可用性，本书将原真性的初始状态点设定为20世纪80年代初。

原真性特征：系统演变对外界干扰有敏感反应，但能较快恢复到原有或更为稳定的状态，并保持其结构和功能。对于原真性特征的理解参照了生态系统研究中的稳态理论（图6-1）。该理论认为：在气候变化、人类活动等影响下，生态系统结构和功能可能发生大规模的突变，导致生态系统从一个相对稳定的状态进入另一个稳定状态（王涵等，2023）。而准确刻画生态系统发生稳态转换的临界点是其关键科学问题。在本书中，判定一个区域是否发生原真性转换，需要设定严格的判定标准，这也是开展原真性度量、区划和驱动分析的关键。

原真地理特征区划目标：揭示在不同的资源配置和人类活动干扰下中国不同区域的自然生态系统的变化趋势是否具有原真性特征，原真性特征的分布组合呈现怎样的空间格局。

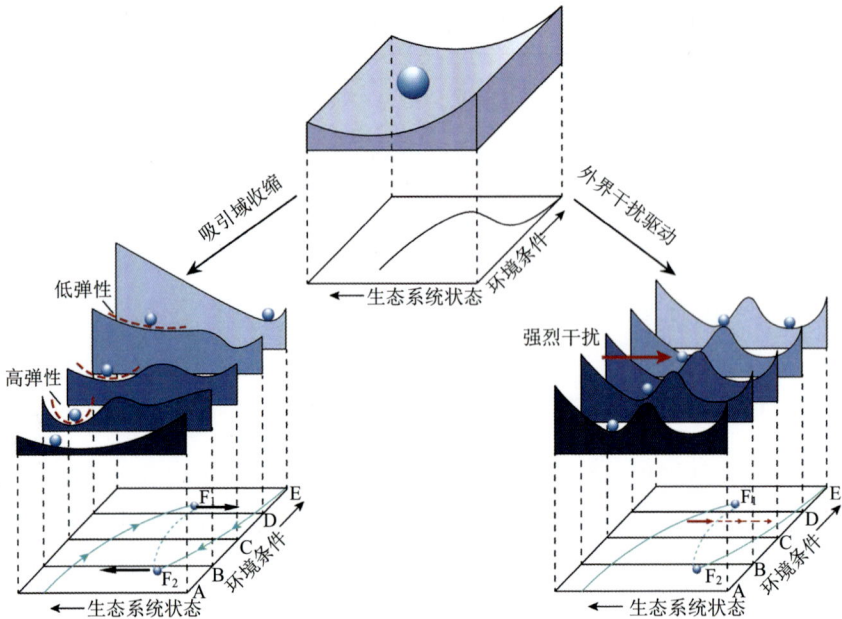

图 6-1　生态系统稳态转换概念图（王涵等，2023）

图中 A、B、C、D、E 表示不同环境条件，F_1、F_2 表示不同生态系统状态

6.1.2　中国原真地理特征区划的基本原则

1）评价自然禀赋优劣和量化人类干扰强弱相结合原则

自然资源禀赋和人类活动是影响某一个地区地理特征原真性的两个重要维度。自然条件良好的地区，往往对人文经济要素的布局具有更强的吸引力，同时也具有较高的生态阈值；相反，自然条件恶劣的地区，人类活动的强度和范围相对受到限制，但也应该注意到生态脆弱区对外界干扰具有较强的敏感性和较低的自我恢复能力。因此，原真地理特征区划需要重点关注不同区划现有的自然本底条件在不同的资源配置和人类活动干扰下所呈现的变化趋势，该研究目的决定了区划过程既不能单纯评价自然本底条件的优劣，也不能片面地关注人类活动的强度。

2）继承经典区划方案和刻画原真地理特征相结合原则

地理区划作为地理学研究的基础问题，吸引了众多学者开展了不同地理要素的地理区划工作。前人的工作对于理解自然地理环境所呈现的地带性和非地带性的特征具有重要意义，也是开展中国原真地理特征区划的基础。在构建原真地理特征区划的基本单元过程中，本书采用了气候-地貌-水文-土壤-生态五类重要区划结果，构建了四级原真地理特征区划的基本单元，为开展原真地理区划提供了基本范围和基本尺度。此外，我们也注意到原真地理特征区划有其独特之处，它需要结合一定的时间尺度，通过挖掘地理要素动态特征以揭示一定时间段内原真地理特征的变化趋势。因此，对原真地理特征区划而言，揭示关键地理要素的时空演变规律是其重要研究内容。

3）自上而下演绎与自下而上归纳相结合原则

中国原真地理特征区划在区划方法上采用经典理论的方法论。较高等级的区域划分通常采用"自上而下"的演绎途径，而较低等级的地域类型则多应用"自下而上"的归纳途径。"自上而下"有利于更好地把握宏观格局，"自下而上"则更利于基于最小空间单元的定量精细化分析。区划采用"自上而下"与"自下而上"结合原则，通过"自下而上"得到较为准确的划界线，通过"自上而下"避免分区过于破碎和偏离实际。

6.1.3　中国原真地理特征区划的技术流程

原真地理特征区划在方法论上遵循了经典区划方法的基本流程，同时也顾及了原真地理特征的基本内涵，总体上包含了原真区划基本单元确定、指标体系构建与特征计算、原真性等级测度、原真性综合区划、区划产品发布等关键步骤。具体区划流程图如图 6-2 所示。

6.1.4　中国原真地理特征区划的技术方案

1）原真地理特征基本单元划分

原真地理特征受到地带性和非地带性的强烈影响，在空间上体现出一定的区域相似性和区间异质性。基本单元的划分是原真地理特征区划工作的基础，可为区划工作提供基本的分析单元。从能够体现地理原真性的角度出发，本书选取了全国尺度的地形地貌、气候、土壤、水文、生态五个维度的已有区划产品，作为地理单元划分的基础数据。通过将传统地理区划思想及结果和空间分析、地图综合等方法相结合，实现自上而下基本单元划分，进而支撑自下而上的空间区划。根据 3.2 节确定的原真地理特征表征的基本单元与分类编码，经过四级的单元划分，最终将全国划分为 503 个基本地理单元，后续的原真地理特征区划将以该基本单元为依据。

2）中国原真地理特征区划指标体系

地理原真性本身是一个较为抽象的综合性评价，确定原真性评价指标是本书的核心。在指标选取时本书主要遵循三个原则：①代表性，即所选择的指标能够在一定的维度体现原真性评价的内涵；②独立性，即指标与指标之间不存在显著的依赖关系；③可获取性，确定指标时还要考虑可获取的数据是否支持该指标的计算。最终，本书共确定了三个维度八个指标。具体指标定义如表 4-2 所示。

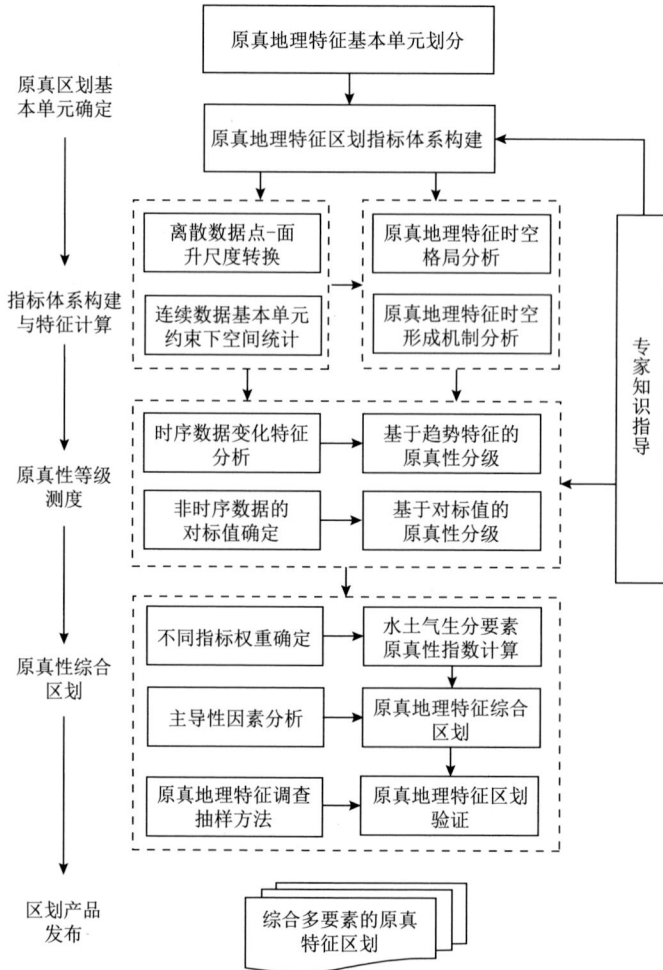

图 6-2　原真地理特征区划技术流程

3）原真性等级测度方法

本书区划方案所谈及的地理要素是否原真，必须兼顾原真性现状特征及其演化趋势。对于原真性现状等级较高的地理对象，即使其在过去一段时间尺度内呈现波动变化趋势，我们也将其认定为原真性等级高；对于原真性现状等级较低的地理对象，即使其在过去一段时间尺度内呈现出了一定的改善趋势，但考虑到其改善幅度仍未突破稳态阈值，因此，仍将其归为原真性等级低。对于原真性现状值处于中等的地理对象，则要根据其在过去一段时间的演变趋势进行赋值。如果其呈现出显著的改善趋势，则可认为其突破了原有的稳态阈值，因此将其原真性等级划分为高；如果其呈现出显著的退化趋势，则将其原真性等级修改为低。基于以上的总体原则，本书具体采用了三种等级测度方式。

（1）有连续时间序列数据的指标，兼顾指标现状及其演变趋势进行原真性等级赋值。趋势分析采用 Mann-Kendall 时序分析方法（M-K 法），以判断不同指标的变化趋势。M-K 法是一种非参数统计检验方法。假定 X_1, X_2, $\cdots$, X_n 为时间序列变量，n 为时间序列的长度，M-K 法定义了统计量 S：

$$S=\sum_{j=1}^{n-1}\sum_{k=j+1}^{n}\operatorname{sgn}(x_k-x_j) \tag{6-1}$$

其中，

$$\operatorname{sgn}\left(x_k-x_j\right)=\begin{cases}1, & x_k-x_j>0 \\ 0, & x_k-x_j=0 \\ -1, & x_k-x_j<0\end{cases} \tag{6-2}$$

式中，x_j, x_k 分别为 j, k 年的相应测量值，且 $k>j$。

$$Z=\begin{cases}\dfrac{S-1}{\sqrt{\operatorname{Var}(S)}}, & S>0 \\ 0, & S=0 \\ \dfrac{S+1}{\sqrt{\operatorname{Var}(S)}}, & S<0\end{cases} \tag{6-3}$$

式中，Z 为一个正态分布的统计量；$\operatorname{Var}(S)$ 为方差。在给定的 α 置信水平上，如果 $|Z|\geqslant Z_{1-\alpha/2}$，则拒绝原假设，即在 α 置信水平上，时间序列数据存在明显的上升或下降趋势。其变化趋势的大小用 β 表示，计算如下：

$$\beta=\operatorname{Median}\left(\frac{x_k-x_j}{k-j}\right), \quad \forall j<k \tag{6-4}$$

若 $\beta>0$，表示呈上升趋势；若 $\beta<0$，表示呈下降趋势。

（2）对于只有首尾两个时间点数据的指标，如土壤有机碳等，则采用两期数据差值后再统计的方式。

（3）对于只有近几年的数据的指标，如空气质量数据，这里假设 1980 年作为原真点该指标也具有良好原真性，因此，将已有数据与相关标准对标，以判定不同区域该指标的原真特征。这种以现在状态值指代原真特征的方法具有一定的不确定性，在本书区划方案中只涉及空气质量指数指标。

4）空间聚类方法的应用

中国原真地理特征综合区划采用了一种空间约束多元聚类的方法。空间约束多元聚类算法使用非监督的机器学习方法来确定数据中的自然聚类。由于这些分类方法不需要一组预先分类的要素来指导或进行训练以确定数据的聚类，因此可将其视为非监督类型。所谓空间约束是指聚类结果在空间上相连，在本书中约束条件被设定为面要素类的邻接，即仅当要素与聚类中的另一从属度共享某条边（仅邻接边）或某个折点（邻接边拐角）时，才表示这些要素属于同一聚类。这样的设定可以确保聚类后的结果符合地理区划的基本要求。

本书中的聚类算法选择为最小跨度数聚类分析方法。首先构造一个表示要素间邻域关系的连通图，连通图上的最小跨度树（minimum spanning trees）将汇总要素空间关系和要素数据相似性。要素将成为最小跨度树中通过权重边进行连接的节点。每个边的权重与其连接的对象的相似性成正比。构建最小跨度树后，树中的分支（边）将被剪除，从而生成两个最小跨度树。要剪除的边会被选择，以使生成的组中的差异最小化。在每次迭代时，将通过这种剪除过程对其中一个最小跨度树进行分割，直至获得指定的组数。为了评估最佳组数参数，可以通过 Calinski-Harabasz 伪 F 统计量来测量，它是一个反映组内相似性和组间差异性的比率。

$$F = \frac{\left(\dfrac{R^2}{n_c - 1}\right)}{\left(\dfrac{1 - R^2}{n - n_c}\right)}, \quad R^2 = \frac{\text{SST} - \text{SSE}}{\text{SST}} \tag{6-5}$$

$$\text{SST} = \sum_{i=1}^{n_c} \sum_{j=1}^{n_i} \sum_{k=1}^{n_v} (V_{ij}^{\ k} - \overline{V^k})^2 \tag{6-6}$$

$$\text{SSE} = \sum_{i=1}^{n_c} \sum_{j=1}^{n_i} \sum_{k=1}^{n_v} (V_{ij}^{\ k} - \overline{V_i^k})^2 \tag{6-7}$$

式中，SST 反映了组间差别；SSE 反映了组内相似性；n 为要素数目；n_i 为组 i 中的要素个数；n_c 为组数；n_v 为要素分组的变量数目；$V_{ij}^{\ k}$ 为 i 组中 j 要素的 k 变量值；$\overline{V_i^k}$ 为组 i 中 k 变量的平均值。

6.2　中国原真地理特征区划结果

基于以上的区划方法，最终形成了中国原真地理特征区划结果（图 6-3、图 6-4，表 6-1）。该区划结果包含了两个层次：第一级区划共划分出 19 个原真地理特征大区，第二级区划共划分出 78 个原真地理特征区。整体上，大兴安岭小起伏山地高原真度地理大区、青藏高原东部河源区高原真度地理大区、内蒙古东部丘陵高原真度地理大区、秦岭-川西中起伏山地高原真度地理大区、准噶尔盆地

高原真度地理大区、羌塘高原高原真度地理大区、喜马拉雅大起伏山地高原真度
地理大区共七个地理大区具有高原真性等级。相反，华北平原具有较低的原真性
等级，同时长江中下游平原丘陵区虽然被划分为中原真度等级区，其各维度及综
合得分均较低，这两个地区开展美丽中国建设过程中面临巨大挑战。对各个区划
单元的解析将在后面展开。

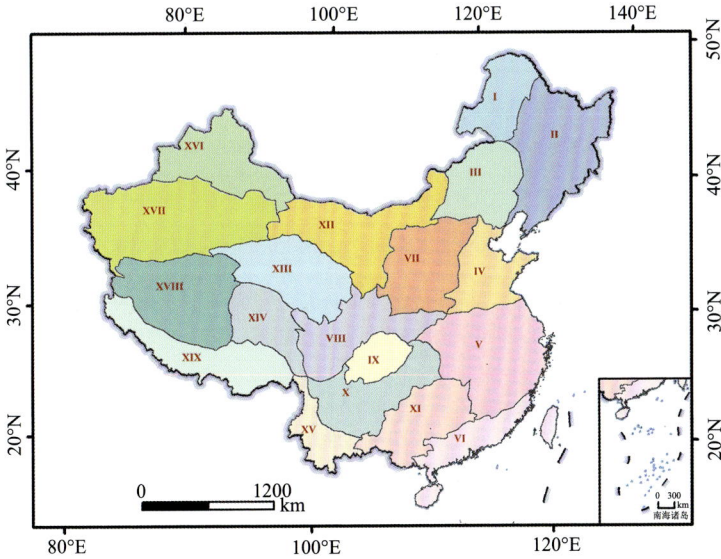

图 6-3　中国原真地理特征区划一级单元分布图

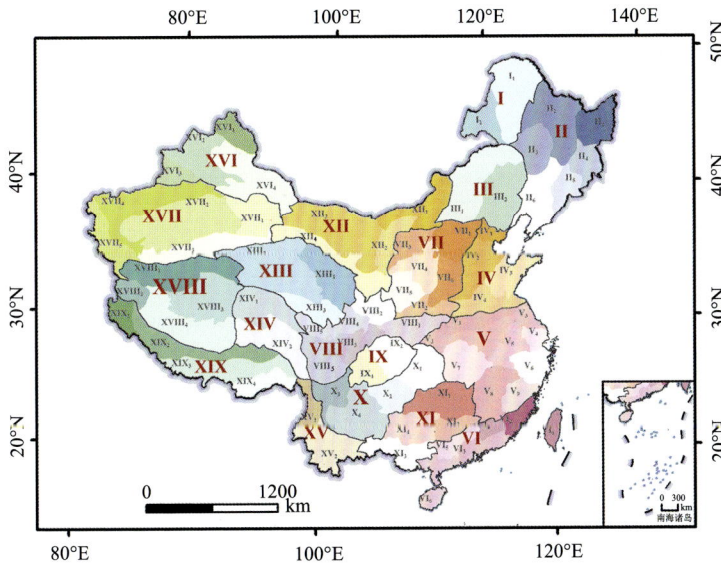

图 6-4　中国原真地理特征区划二级单元分布图

表 6-1　中国原真地理特征区划单元命名表

原真地理特征大区 （一级区）名称	原真地理特征区 （二级区）名称	二级分区 个数
大兴安岭小起伏山地高原真度地理大区 I	加格达奇高原真度地理区 I_1，呼伦贝尔中高原真度地理区 I_2	2
小兴安岭-辽东半岛山地平原过渡带中高原真度地理大区 II	三江平原中高原真度地理区 II_1，小兴安岭高原真度地理区 II_2，吉林西北中原真度地理区 II_3，长白山脉北部高原真度地理区 II_4，长白山脉中南部中高原真度地理区 II_5，辽东半岛中原真度地理区 II_6	6
内蒙古东部丘陵高原真度地理大区 III	锡林浩特高原真度地理区 III_1，赤峰高原真度地理区 III_2	2
华北平原低原真度地理大区 IV	京津-冀北低原真度地理区 IV_1，冀中南-豫北中原真度地理区 IV_2，山东半岛低原真度地理区 IV_3，豫西北-淮海低原真度地理区 IV_4	4
长江中下游平原丘陵区中原真度地理大区 V	淮河上中游低原真度地理区 V_1，皖西-豫北中原真度地理区 V_2，江淮平原低原真度地理区 V_3，长三角中高原真度地理区 V_4，皖南中原真度地理区 V_5，浙南中高原真度地理区 V_6，江汉平原中原真度地理区 V_7，鄱阳湖流域低原真度地理区 V_8，武夷山区中高原真度地理区 V_9	9
东南沿海-珠江三角洲平原丘陵区中高原真度地理大区 VI	宝岛台湾高原真度地理区 VI_1，福建沿海中高原真度地理区 VI_2，粤港澳中原真度地理区 VI_3，粤东北高原真度地理区 VI_4，粤西北中原真度地理区 VI_5，雷州半岛-海南岛中原真度地理区 VI_6	6
黄土高原中原真度地理大区 VII	晋北中原真度地理区 VII_1，晋南中原真度地理区 VII_2，河套地区高原真度地理区 VII_3，陕北中原真度地理区 VII_4，陇东中高原真度地理区 VII_5，关中平原中原真度地理区 VII_6	6
秦岭-川西中起伏山地高原真度地理大区 VIII	秦岭山区高原真度地理区 VIII_1，甘南高原真度地理区 VIII_2，川北中原真度地理区 VIII_3，阿坝藏族羌族自治州高原真度地理区 VIII_4，川西高原真度地理区 VIII_5	5
成渝平原山地过渡带中原真度地理大区 IX	成都平原中原真度地理区 IX_1，重庆中高原真度地理区 IX_2	2
云贵高原中高原真度地理大区 X	黔东-湘西中高原真度地理区 X_1，贵阳-遵义高原真度地理区 X_2，黔东南中高原真度地理区 X_3，滇西北高原真度地理区 X_4	4
湘桂丘陵山地中高原真度地理大区 XI	湘南-黔东南中高原真度地理区 XI_1，南岭山区高原真度地理区 XI_2，北部湾高原真度地理区 XI_3，桂北中高原真度地理区 XI_4	4
内蒙古西部丘陵中高原真度地理大区 XII	阴山北部边境中高原真度地理区 XII_1，银川平原中高原真度地理区 XII_2，阿拉善盟中原真度地理区 XII_3，河西走廊中原真度地理区 XII_4	4
柴达木盆地中高原真度地理大区 XIII	青海湖流域中高原真度地理区 XIII_1，青海西北部中原真度地理区 XIII_2，黄河源中高原真度地理区 XIII_3	3
青藏高原东部河源区高原真度地理大区 XIV	长江源高原真度地理区 XIV_1，澜沧江源高原真度地理区 XIV_2	2
横断山区中高原真度地理大区 XV	三江并流区中高原真度地理区 XV_1，滇南边境中高原真度地理区 XV_2	2

原真地理特征大区 （一级区）名称	原真地理特征区 （二级区）名称	二级分区 个数
准噶尔盆地高原真度地理大区 XVI	阿尔泰山区高原真度地理区 XVI$_1$，准噶尔盆地西部中高原真度地理区 XVI$_2$，伊犁河谷高原真度地理区 XVI$_3$，准噶尔盆地东部中高原真度地理区 XVI$_4$	4
塔里木盆地中原真度地理大区 XVII	吐鲁番盆地中高原真度地理区 XVII$_1$，塔克拉玛干沙漠中原真度地理区 XVII$_2$，昆仑山脉北麓中原真度地理区 XVII$_3$，塔里木盆地西部中高原真度地理区 XVII$_4$，新疆西南边境中原真度地理区 XVII$_5$	5
羌塘高原高原真度地理大区 XVIII	昆仑山区中高原真度地理区 XVIII$_1$，阿里边陲高原真度地理区 XVIII$_2$，可可西里高原真度地理区 XVIII$_3$，羌塘高原南部高原真度地理区 XVIII$_4$	4
喜马拉雅大起伏山地高原真度地理大区 XIX	喜马拉雅山西部边陲中高原真度地理区 XIX$_1$，冈底斯山高原真度地理区 XIX$_2$，喜马拉雅中段中高原真度地理区 XIX$_3$，藏南谷地高原真度地理区 XIX$_4$	4
合计		78

6.3　省级尺度原真地理特征区划实践

6.3.1　省级尺度原真地理特征区划的技术方案

省级尺度原真地理特征区划研制的总体思路是延续全国尺度的工作框架，在技术方法上大致遵循自上而下演绎与自下而上归纳相结合原则。但在基本单元选取、原真性指标体系方法上有所调整。具体技术流程如下。

1）基本单元构建

在中国尺度的原真地理特征区划时，通过选择"水土气生"四个维度的区划产品，综合形成了四级单元划分体系，其中第一级划分了 19 个地理单元，最小面积大于 10 万 km^2，该级别的面积中位数为 38 万 km^2；第二级划分了 71 个地理单元，最小面积大于 5 万 km^2，该级别的面积中位数为 9 万 km^2；第三级包含了 251 个地理单元，最小面积大于 1 万 km^2，该级别的面积中位数为 3 万 km^2；第四级划分了 503 个地理单元，最小面积大于 1000 km^2，该级别的面积中位数为 6664 km^2。但该基本单元体系应用到省级尺度时，明显不适合，如福建省基本只包含了一个四级单元。

除了考虑综合现有"水土气生"区划产品构建区划基本单元，另一种思路是采用天然存在的流域边界。流域边界具有地学意义明确、组织层次清晰、单元边界稳定等特点，广泛应用于不同尺度的地学研究。本书以 50 km^2 的阈值，划分了初始流域单元，并以此为基础，融合现有第四层次的基本单元，并消除了破碎斑块，最终形成了省级尺度的区划基本单元。在本书所涉及的福建省应用示范区，共划分出了 325 个基本单元。

2）原真性指标体系构建

相比较中国原真地理特征区划，省级尺度原真地理区域对数据精度要求更高。在本书中，对中国尺度的原真地理特征区划指标体系进行了优化，遴选出精度满足省级尺度区划且在福建省内部具有一定空间分异特征指标，主要包括类型转移指数、景观破碎度、类型稳定度、河流连通度、土壤有机碳含量、净初级生产力、空气质量指数以及湖泊透明度指标。各指标原真性等级空间分异情况如图 6-5 所示。

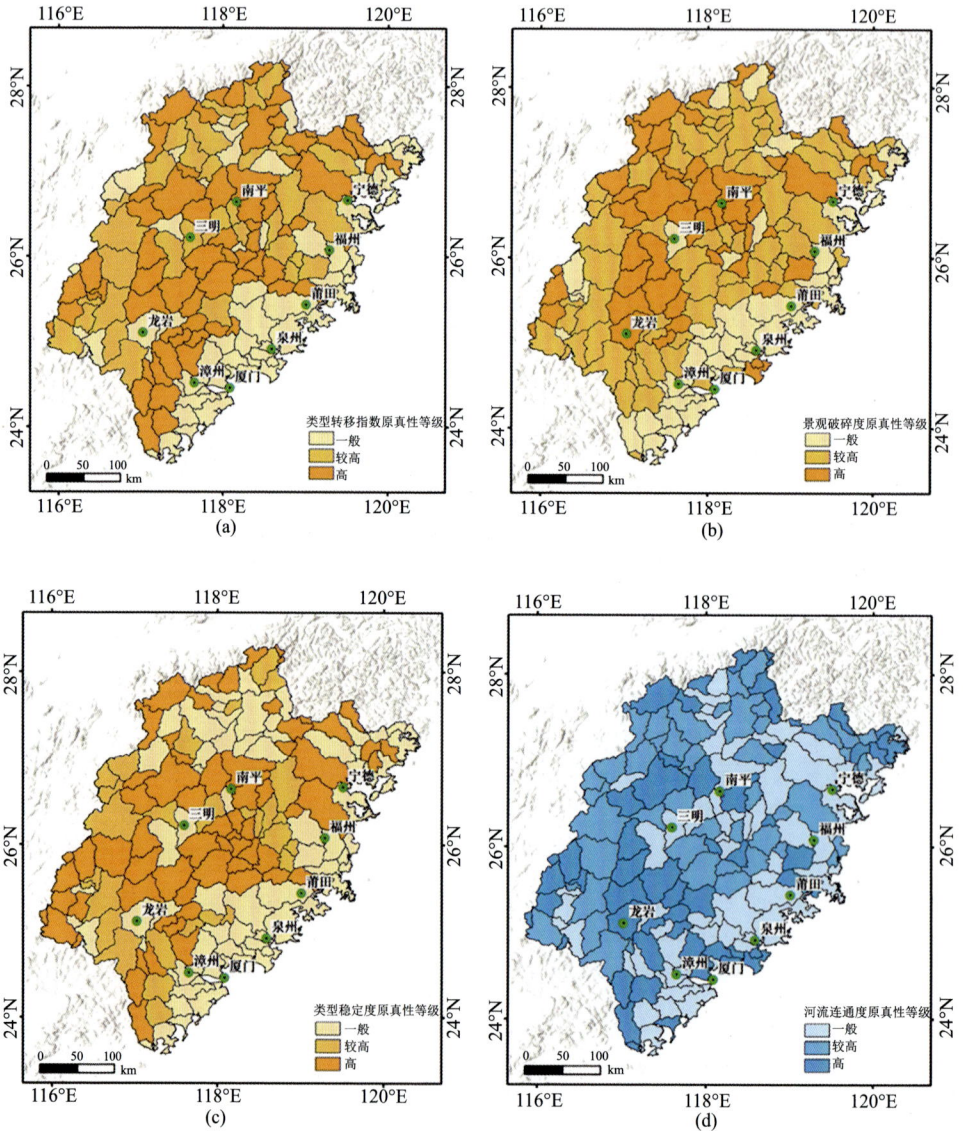

(a)

(b)

(c)

(d)

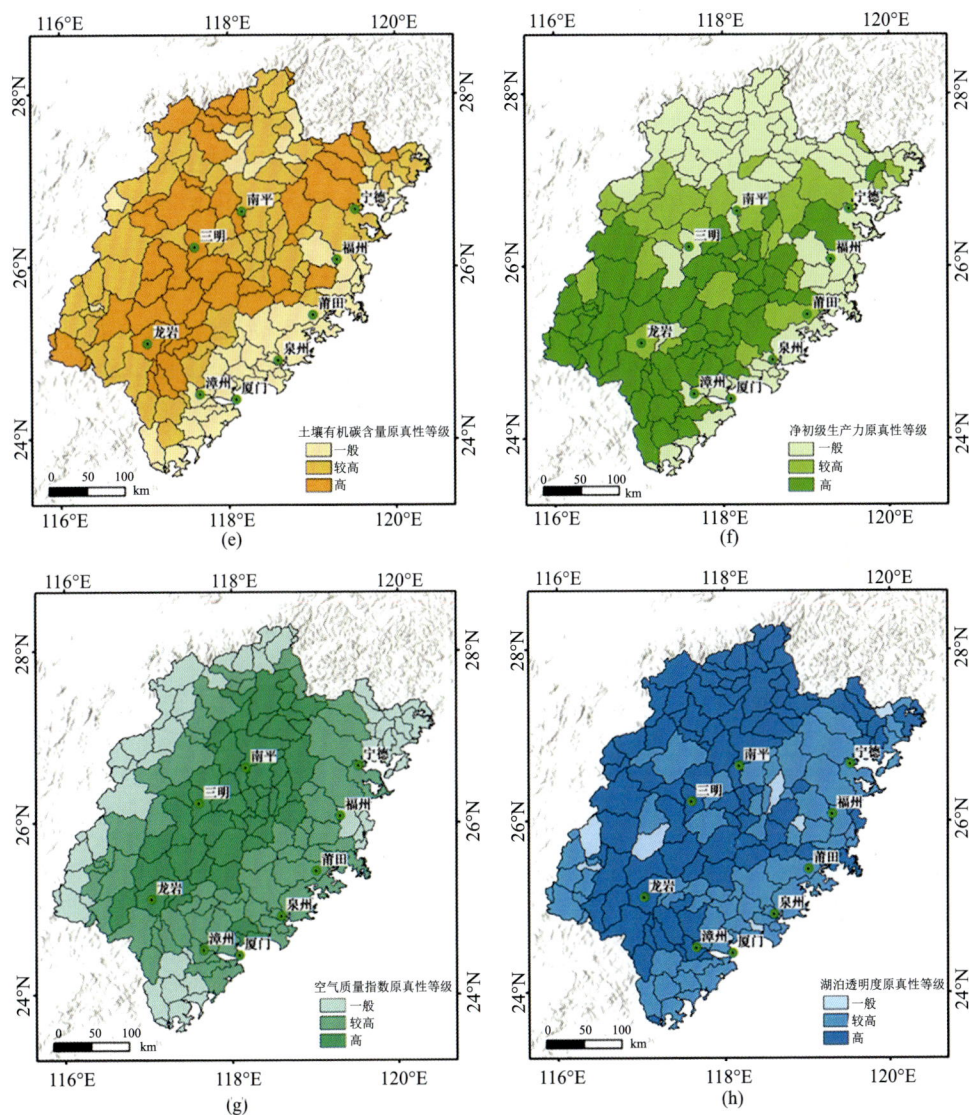

图 6-5　福建省级尺度区划采用的部分指标原真性等级图

（a）类型转移指数原真性等级；（b）景观破碎度原真性等级；（c）类型稳定度原真性等级；
（d）河流连通度原真性等级；（e）土壤有机碳含量原真性等级；（f）净初级生产力原真性等级；
（g）空气质量指数原真性等级；（h）湖泊透明度原真性等级

6.3.2　省级尺度原真地理特征区划的划分结果

在进一步完善中国尺度原真地理特征区划方案的基础上，针对福建省构建省级尺度的区划方案（图6-6）。福建省一共划分为了16个原真地理特征区，其中

3 个区划单元原真性等级为低（分别为Ⅴ闽江入海口平原丘陵低原真度地理特征区、Ⅸ莆田泉州平原丘陵低原真度地理特征区、ⅩⅢ厦门漳州平原丘陵低原真度地理特征区），5 个区划单元原真性等级为高（分别为Ⅷ闽赣边界山地高原真度地理特征区、Ⅹ尤溪流域丘陵高原真度地理特征区、Ⅺ沙溪流域山地高原真度地理特征区、Ⅻ九龙溪流域山地高原真度地理特征区、ⅩⅣ玳瑁山中起伏山地高原真度地理特征区），6 个区划单元原真性等级为中高（分别为Ⅱ宁德西部丘陵山地中高原真度地理特征区、Ⅲ松溪流域丘陵山地中高原真度地理特征区、Ⅳ武夷山丘陵山地中高原真度地理特征区、Ⅶ闽江上游丘陵山地中高原真度地理特征区、ⅩⅤ东溪流域丘陵山地中高原真度地理特征区、ⅩⅥ汀江流域丘陵山地中高原真度地理特征区），2 个区划单元原真性等级为中（分别为Ⅰ宁德沿海平原丘陵中原真度地理特征区、Ⅵ闽江中游丘陵山地中原真度地理特征区）。

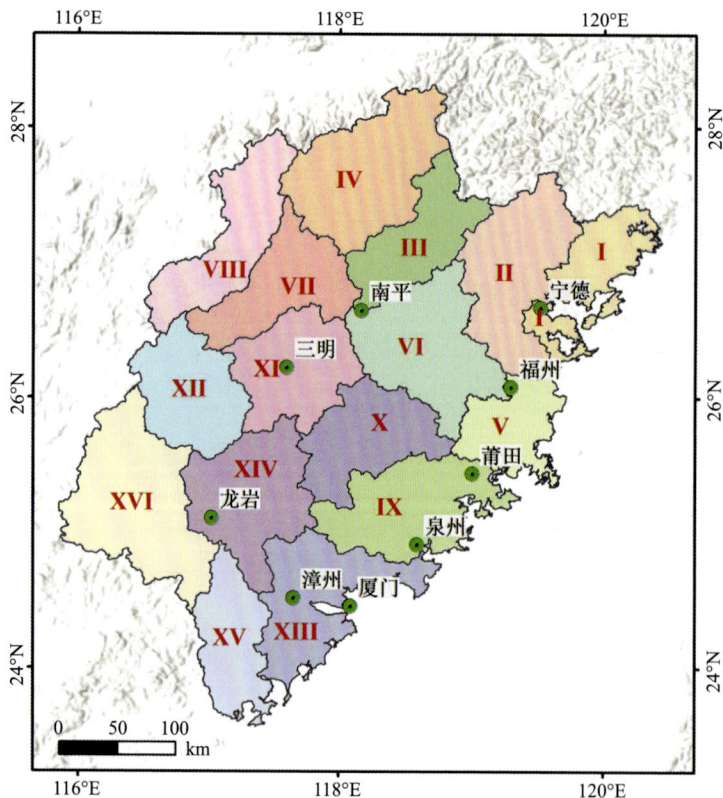

图 6-6 福建省级尺度原真地理特征区划图

第7章　中国原真地理特征的形成机制

根据中国原真地理特征区划结果，对划分出的 19 个原真地理特征大区，按照原真度的相对高低分为 7 个高原真地理特征区、7 个中高原真地理特征区、4 个中原真地理特征区和 1 个低原真地理特征区，并对各个大区的原真地理特征的形成机制进行了详细解析。

7.1　高原真地理特征区形成机制解析

1）大兴安岭小起伏山地高原真度地理大区

该区划单元位于中国的东北地区，东邻俄罗斯，西靠呼伦贝尔草原，南部与松花江流域相邻，北部与俄罗斯接壤，横跨黑龙江省、内蒙古自治区，总面积为 31.67 万 km²，主要城市包括呼伦贝尔市、大兴安岭地区等。该区域主要位于中国的松花江流域和黑龙江流域之间，是中国东北地区的水系分水岭。该地区地貌类型以小起伏山地和丘陵地形为主，气候类型为寒温带气候，年均降水量约 480 mm。土壤类型主要为灰化土。根据赵松乔版的中国自然地理综合区划方案，该区划主体属于大兴安岭针叶林区。

经测算，20 世纪 80 年代以来该区域八个原真性指标中，原真性等级为高的有空气质量指数、土壤有机碳含量、景观破碎度、类型转移指数，原真性等级为中的有类型稳定度、河流连通度、净初级生产力和湖泊透明度。作为中国最北方的生态安全屏障，影响该区域原真性的突出问题是对森林资源的非法砍伐。大兴安岭拥有丰富的森林资源，但在一些地区，不合理的木材采伐和乱砍滥伐导致了森林资源的流失和森林生态系统的破坏。中华人民共和国成立以来，内蒙古大兴安岭林区累计贡献了 2 亿 m³ 商品木材和林副产品，但同时也有数以千万亩的耕地被开垦出来，森林的生态和涵养水源功能急剧下降，经过近一个世纪的砍伐与开垦，大兴安岭森林边缘已经向北退缩了 200 km。此外，该地区是黑龙江和嫩江水源区，被誉为"龙江水塔"，有大量分布的湖泊湿地，在气候变化和人类活动的共同作用下，该区域的地表水分布、河流连通度和水环境质量存在较为显著的波动，成为影响该区域原真性的潜在问题。

大兴安岭小起伏山地高原真度地理大区内部包含了两个二级区划单元

（表 7-1），分别为加格达奇高原真度地理区和呼伦贝尔中高原真度地理区。总体而言，各二级区的指标得分具有较高的一致性且总体等级较高，如空气质量指数、净初级生产力、类型转移指数、土壤有机碳含量等（图 7-1）。该区域自身的自然资源禀赋较高，人类活动虽然对该区域各地理要素的演变趋势有一定的扰动，但自然生态系统的状态未超过稳态阈值。相比较而言，呼伦贝尔地区的原真性等级要略低于大兴安岭地区，主要原因在于类型稳定度和河流连通度两个指标得分较低，前者主要是由于该区域畜牧业发展，大量放牧造成草场退化，使得同一种土地利用类型的维持时间要明显偏短；后者主要是受该区域水库修筑的影响，造成了河流的自由连通性被破坏。

表 7-1　大兴安岭小起伏山地高原真度地理大区各二级区划单元信息

二级区划名称	主要城市	面积/万 km²
加格达奇高原真度地理区 I_1	呼伦贝尔市、大兴安岭地区	22.64
呼伦贝尔中高原真度地理区 I_2	呼伦贝尔市	9.02

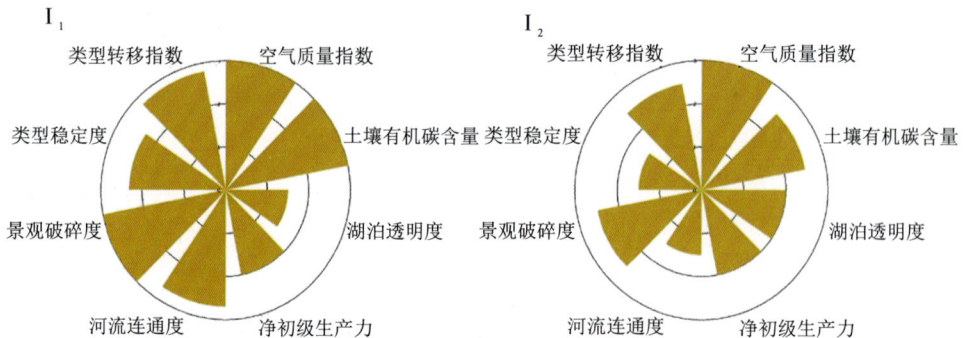

图 7-1　大兴安岭小起伏山地高原真度地理大区二级单元分布及原真性指标得分

最内圈得分为 1，最外圈得分为 3，下同

作为中国实现"双碳"目标的重要储备基地，该区域近年来在生态文明建设方面取得了众多成绩。大兴安岭地区自觉践行"绿水青山就是金山银山"的发展理念，积极推动创建国家生态文明建设示范区，主动探索生态保护与经济转型的创新举措，严守森林、林地、湿地和物种四条生态红线。2014 年，率先全面停止了天然林商业性采伐，结束了林区开发建设 50 年来的木材生产史。"十三五"期间共查处盗伐林木、滥捕滥猎野生动物、侵占破坏林地湿地等违法犯罪案件 1470起，收回林地 753.1 hm²，让生态红线成为真正碰不得的"高压线"。在保持现有地理原真性的同时，该地区应该进一步加快构建生态主导型产业体系，充分挖掘

森林、草场和湿地的固碳潜力，为"双碳"目标的实现提供坚实支撑。

2）内蒙古东部丘陵高原真度地理大区

该区划单元位于内蒙古东部，松辽平原以西，总面积为 42.44 万 km²，重要城市有赤峰市、乌兰察布市、锡林郭勒盟等。该区域东侧为辽河流域，西侧为内蒙古内流区。地貌类型以高原和低山丘陵为主，气候类型为中温带半干旱区，年均降水量约 500 mm。该区域土壤类型以栗钙土、盐碱土、风沙土为主。根据赵松乔版的中国自然地理综合区划方案，该区划主体属于内蒙古高原干草原荒漠草原区。

经测算，20 世纪 80 年代以来该区域八个原真性指标中，原真性等级为高的有空气质量指数、类型转移指数以及类型稳定度，原真性等级为中的有土壤有机碳含量、景观破碎度以及湖泊透明度，原真性等级低的指标有河流连通度、净初级生产力。作为中国最重要的牧场分布区，影响该区域原真性等级的突出问题是气候干旱和过度放牧而引发的草场退化。内蒙古草原大部分地区年降水量在 100～400 mm，而且降水量的年际变化很大。一年中 6～8 月降水量占年降水量的 70%左右，其中 7 月、8 月降水量尤为集中，而冬春季节雨雪稀少，春旱频发，给草原生态系统带来极大危害。过度放牧也是导致该地区生态质量受影响的原因，过度放牧使牧草的正常生长受到抑制或破坏，使植物丧失繁殖能力，生草土被踩紧，土壤营养减低，以致植物种类改变，优良牧草衰退，生产力下降。适口性和营养价值都随之降低。

内蒙古东部丘陵高原真度地理大区内部包含了两个二级区划单元（表 7-2），全部都是高原真度地理区，其中赤峰高原真度地理区的得分略低。总体而言，两个二级区的指标得分具有较高的一致性（图 7-2）。如空气质量指数和类型转移指数的得分基本一致，且总体得分较高。原真地理特征得分较低的集中在净初级生产力和河流连通度两个指标，前者主要是由于该区域干旱，以及过度放牧使牧草的正常生长受到抑制或破坏，使植物丧失繁殖能力，以致植物种类改变，优良牧草衰退，生产力下降。对原真性造成了显著破坏。后者主要是受该区域大量修筑的水库的影响，造成了河流的自由连通性被破坏。上述问题在赤峰高原真度地理区表现得较为明显。

表 7-2　内蒙古东部丘陵高原真度地理大区各二级区划单元信息

二级区划名称	主要城市	面积/万 km²
锡林浩特高原真度地理区 Ⅲ₁	锡林郭勒盟	23.30
赤峰高原真度地理区 Ⅲ₂	赤峰市、承德市	19.14

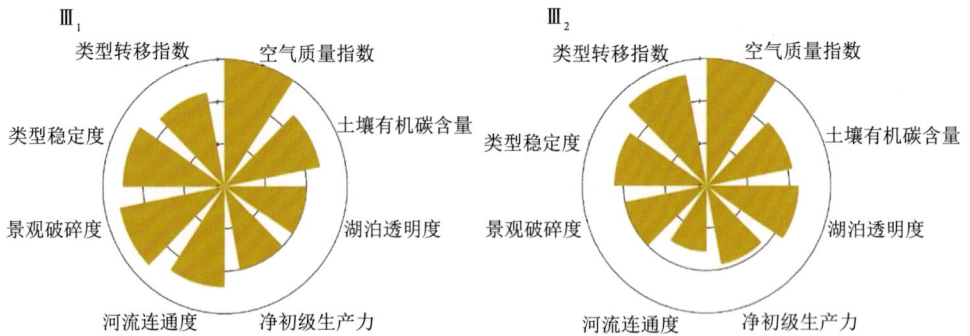

图 7-2　内蒙古东部丘陵高原真度地理大区二级单元分布及原真性指标得分

　　总体而言，该区域的自然资源禀赋并不是最突出的，但作为中国北方生态安全屏障的重要一环，近年来在生态文明建设方面取得了显著进步，在积极的人类活动干预下，自然生态系统的整体状态趋向更稳健状态，这也是该区域原真性等级划归为高的主要原因。一个典型案例是锡林浩特退化草原生态修复项目。早年间，锡林浩特市周边因放牧场和打草场过度利用，同时受极端气候的影响，存在植被退化、土壤沙化等生态问题。2001 年锡林浩特开始实施退耕还林还草以及围封转移等措施。2003 年开始实施春季休牧措施，到 2005 年春季休牧草场的面积已达到总面积的 88%。随着春季实施休牧、围封转移以及退耕还林还草等一系列措施的实施，锡林浩特草原植被状况得到很大改善。围封区以及休牧区内，植被种类增加，密度、盖度以及生长度都明显提高，牧草品质优质化，植被结构优化，植被多样性提高，草原稳定性增强，植被得到了有效的恢复。2021 年 10 月 14 日，在联合国《生物多样性公约》缔约方大会第十五次会议上，自然资源部国土空间生态修复司发布了《中国生态修复典型案例集》，"锡林浩特退化草原生态修复项目"作为唯一入选的草原生态修复典型案例，其成功经验具有可复制、可借鉴、可推广的价值，在国际上得到了关注和认可。

　　3）秦岭-川西中起伏山地高原真度地理大区

　　该区划单元位于中国中西部地区，横跨了多个省份和地区，总面积超过了 48 万 km^2，主要横贯陕西、甘肃、四川等省份。秦岭山脉位于该地区的北部，而川西山脉和起伏山地则位于南部。该区域水文地貌特征丰富多样，秦岭山脉是黄河和长江的分水岭，形成了众多的山谷和峡谷，并发育了渭河、嘉陵江等河流。该区域主要属于亚热带高山气候，年均降水量约为 780 mm。土壤类型包括黄土、红壤、山地森林土壤等。根据赵松乔版的中国自然地理综合区划方案，该区划主体属于中亚热带四川盆地常绿阔叶林区。

　　经测算，20 世纪 80 年代以来该区域八个原真性指标中，原真性等级为高的有类型转移指数、空气质量指数，原真性等级为中的有景观破碎度、净初级生产力、土壤有机碳含量、河流连通度，原真性等级低的有类型稳定度和湖泊透明度。作为中国生态多样性保护的热点区域，影响该地区原真性等级的突出问题主要是山地灾害相对严重、生态环境相对脆弱，受不合理的人为活动影响，环境质量下降、生态系统功能退化。由于有害生物威胁，天然林减少、林分变差，森林整体质量不高。同时，野生动物栖息地碎片化严重，野生药用植物数量减少。除此之外，秦岭地貌类型多样，地质背景复杂，土壤抗蚀性差。加之暴雨频繁，导致河水暴涨暴落，径流变化波动大，山体滑坡、山洪泥石流、洪涝灾害时有发生。

秦岭-川西中起伏山地高原真度地理大区内部包含了五个二级区划单元（表 7-3），其中川西高原的得分最高，川北的得分最低。该一级大区内各二级区的指标得分具有较高的一致性（图 7-3）。如空气质量指数和类型转移指数的得分基本一致，且总体得分较高。原真地理特征得分较低的集中在湖泊透明度和类型稳定度两个指标，前者主要是由该区域工业、农业和城市排放物导致水体中的污染物增加，如悬浮物、营养物和有机物质，以及该区域内水土流失问题严重，湖泊周围的土壤侵蚀和泥沙的输入使湖泊中的沉积物浓度升高，导致水体变浑浊，水体透明度降低，对原真性造成了显著破坏。后者主要是因该地区人类活动对部分区域生态用地的完整性造成了破坏。

表 7-3　秦岭-川西中起伏山地高原真度地理大区各二级区划单元信息

二级区划名称	主要城市	面积/万 km²
秦岭山区高原真度地理区 Ⅷ₁	汉中市、安康市、商洛市	10.28
甘南高原真度地理区 Ⅷ₂	定西市、天水市、陇南市	7.88
川北中高原真度地理区 Ⅷ₃	阿坝藏族羌族自治州、绵阳市	7.30
阿坝藏族羌族自治州高原真度地理区 Ⅷ₄	阿坝藏族羌族自治州	9.50
川西高原高原真度地理区 Ⅷ₅	甘孜藏族自治州	13.85

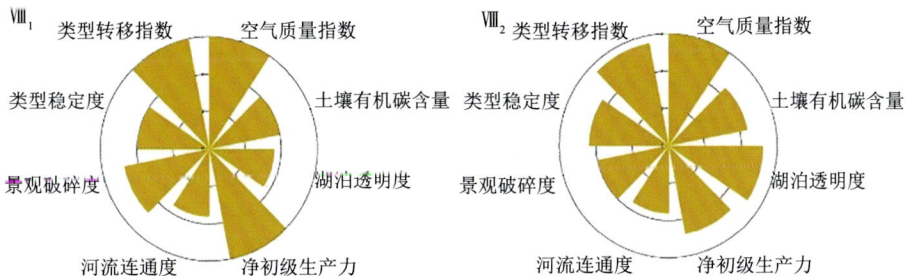

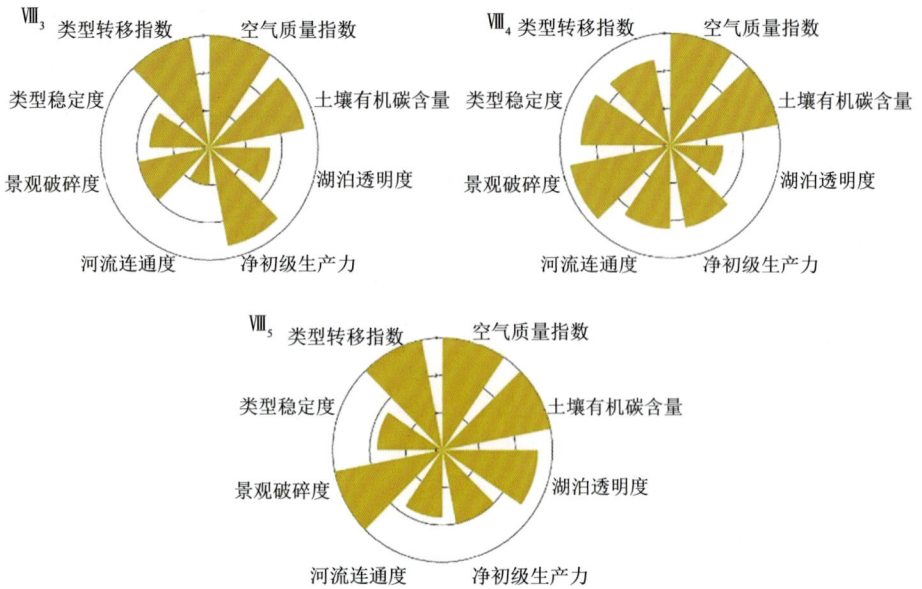

图 7-3　秦岭-川西中起伏山地高原真度地理大区二级单元分布及原真性指标得分

作为中国生物多样性保护优先区域之一,该区域具有水源涵养、生物多样性保护及水土保持等重要生态服务功能,是国家重要生态安全屏障。近些年来,国家出台了一系列的保护措施,通过中央生态环保督察、"绿盾"专项行动等,该区域内违法违规开发活动等威胁因素得到基本遏制,生态系统和重要物种栖息地保持稳定,野生大熊猫、朱鹮等主要保护对象得到了较好保护,种群数量持续增加,生态系统服务持续增强,群众生态保护意识显著提高。此外,该地区筹备出台"秦岭生态保护法",将秦岭列为国家生态文明试验区。建立秦岭国家公园,成立国家秦岭研究院、秦岭博物馆、种质资源库,编写秦岭志。在安排资源环境、生态保护项目时给予优先考虑,适当倾斜。同时加大对南水北调中线工程水源地保护的支持力度。

4)青藏高原东部河源区高原真度地理大区

该区划单元位于中国的西部地区,总面积为 32.55 万 km^2,重要城市有昌都市。该区域以长江流域为主,地貌类型以高山谷地为主。气候类型为亚寒带半湿润区,年均降水量约 600 mm。该区域土壤类型主要是高山草甸土。根据赵松乔版的中国自然地理综合区划方案,该区划主体属于青藏高原东南部山地针叶林高山草甸区。

经测算,20 世纪 80 年代以来该区域八个原真性指标中,原真性等级为高的有空气质量指数、景观破碎度、土壤有机碳含量,原真性等级为中的有河流连通度、类型稳定度、湖泊透明度,原真性等级为差的有类型转移指数、净初级生产力。该区划单元是中国重要的生态安全屏障、战略资源储备基地和高寒生物种质资源宝库，在维护国家生态安全、维系中华民族永续发展过程中具有不可替代的重要地位。生态环境质量方面存在一系列问题，如森林生态系统质量不高。总体上看，青藏高原多年来建设的人工林普遍存在林分结构简单、树种组成单一、林木密度大、株间竞争激烈等问题，生物多样性贫乏，部分地区人工防护林退化严重，生态系统稳定性亟待提升。水土流失和土地荒漠化沙化危害较大。

在青藏高原东部河源区高原真度地理大区，包括两个二级区划单元（表 7-4）。全部为高原真度地理区，其中澜沧江源高原真度地理区的得分最高，而长江源高原真度地理区的得分略低。两个二级区划单元在指标得分上显示出较高的一致性（图 7-4）。例如，土壤有机碳含量和景观破碎度在两个二级单元中均获得较高的评分。得分较低主要集中在类型转移指数以及净初级生产力。过度放牧、滥砍滥伐和草地退化等人类活动退破坏了该地区的植被和土壤质量，限制了生态系统的恢复能力。

表 7-4　青藏高原东部河源区高原真度地理大区各二级区划单元信息

二级区划名称	主要城市	面积/万 km²
长江源高原真度地理区 XIV₁	玉树藏族自治州	15.11
澜沧江源高原真度地理区 XIV₂	那曲市、昌都市	17.44

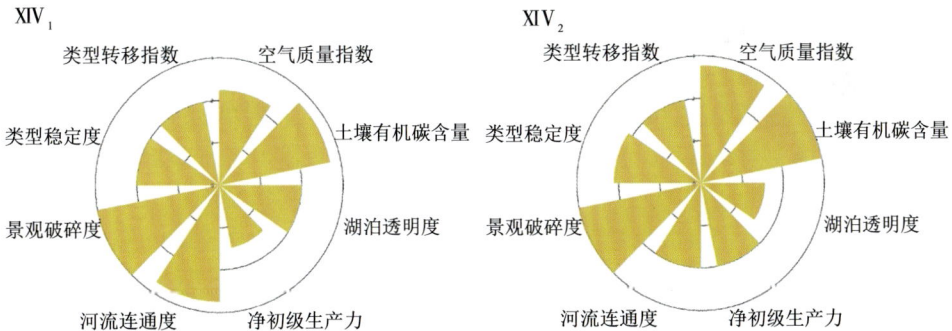

图 7-4　青藏高原东部河源区高原真度地理大区二级单元分布及原真性指标得分

该区域在近些年来生态环境方面也取得了一系列的成就，特别是三江源国家公园的正式设立，对保护三江源生态系统的原真性和完整性，维护中国生态安全、资源安全、物种安全，推进美丽中国建设，应对全球气候变化，具有重要意义。近年来，区域内草原、森林等自然生态系统碳储量持续增加。区域沙尘天气呈下降趋势，沙尘暴强度有所减弱，局部地区沙化扩大趋势得到遏制，实现了由"沙进人退"到"绿进沙退"的历史性转变。随着退牧还草、草原生态保护补助奖励政策，以及草原鼠虫害防治等一系列草地生态保护建设工程的陆续实施，青藏高原草地保育成效逐步显现。截至 2020 年，该区域森林覆盖率达到了 7.5%，草原综合植被盖度达到 57.8%，荒漠化、沙化土地呈"双缩减"趋势。藏羚、普氏原羚、黑颈鹤、青海湖裸鲤等珍稀野生动植物种群数量持续增加，生态系统服务功能巩固提升。

5）准噶尔盆地高原真度地理大区

该区域位于新疆维吾尔自治区西北部，西接哈萨克斯坦，南部与塔里木盆地相邻，东部与阿尔泰山脉接壤，北部与哈萨克斯坦的北哈萨克斯坦州接壤，主要包括乌鲁木齐市、昌吉回族自治州、阿勒泰地区、塔城地区等，总面积为 52.16万 km²。该区域北部为平原，风蚀作用明显，有大片风蚀洼地。南部则为天山北麓山前平原，是主要农业区。气候类型为中温带气候，年均降水量约 280 mm。盆地北部主要土壤类型是棕钙土，盆地南部的北带以荒漠灰钙土和棕钙土为主。根据赵松乔版的中国自然地理综合区划方案，该区划主体属于准噶尔盆地温带荒漠区。

经测算，20 世纪 80 年代以来该区域八个原真性指标中，原真性等级为高的有景观破碎度、河流连通度、湖泊透明度、空气质量指数、类型转移指数，原真性等级为中的有类型稳定度、土壤有机碳含量，原真性等级低的有净初级生产力。作为天山-阿尔泰山及准噶尔盆地森林草原荒漠生态保护区的重要组成部分，影响该区域原真性等级的突出问题是水资源不足与天然植被退化、土壤盐渍化、土地沙化。该地区降水量和蒸发量反差巨大，年均降水量为 60～250 mm，年蒸发量超过 2000 mm，因此，该地区面临着严重的水资源不足问题。

准噶尔盆地高原真度地理大区内部包含了四个二级区划单元（表 7-5），两个原真性等级为高原真度、两个原真性等级为中高原真度。各二级区的指标得分具有较高的一致性（图 7-5），如景观破碎度和类型转移指数的得分基本一致，且总体得分较高。二级区划单元原真地理特征得分较低的集中在净初级生产力和土壤有机碳含量两个指标，其主要原因是该区域气候环境恶劣，土壤肥力贫瘠，而近年来不合理的人类活动进一步造成该区域土壤肥力和植被覆盖度的下降，对该地区的生态环境产生一定的威胁。

表 7-5　准噶尔盆地高原真度地理大区各二级区划单元信息

二级区划名称	主要城市	面积/万 km²
阿尔泰山区高原真度地理区 XVI₁	阿勒泰地区	7.59
准噶尔盆地西部中高原真度地理区 XVI₂	乌鲁木齐市、塔城地区	14.92
伊犁河谷高原真度地理区 XVI₃	伊犁哈萨克自治州	6.07
准噶尔盆地东部中高原真度地理区 XVI₄	昌吉回族自治州、哈密市	23.58

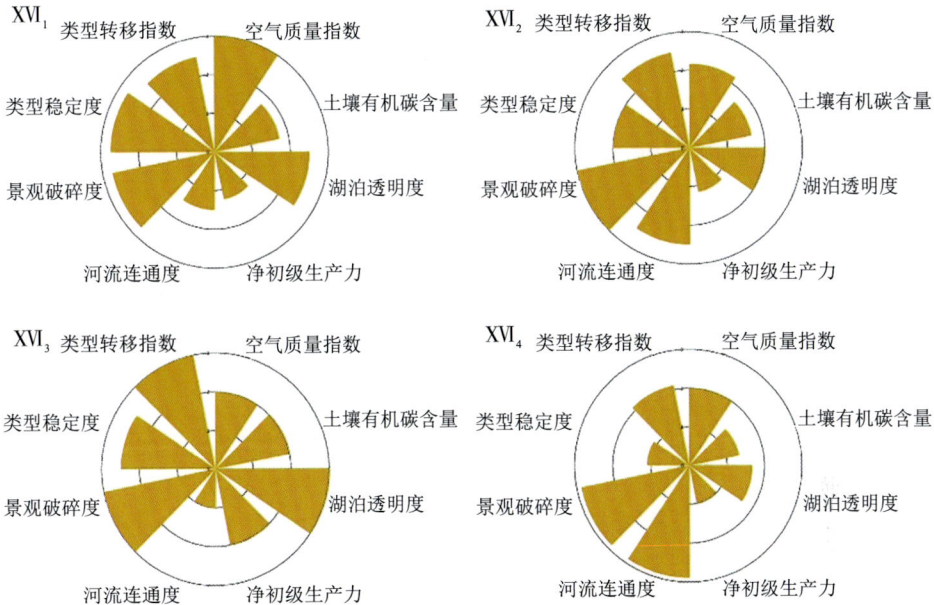

图 7-5 准噶尔盆地高原真度地理大区二级单元分布及原真性指标得分

　　作为中国第二大盆地，该区域近年来一直重视生态文明的保护。该地区以绿洲防护为主要目的建设生态防护林，改造绿洲周边沙化耕地，扩大森林面积，提高防护效益。根据适地适树的原则，在立地条件允许的条件下开展生态与经济树种兼用林建设，积极开展林下经济、间作等巩固手段，有条件的地区发展以肉苁蓉、沙棘等药用经济植物为主的沙产业。此外，该地区还建立了新疆卡拉麦里山有蹄类野生动物自然保护区，是以保护普氏野马、蒙古野驴、鹅喉羚等多种珍贵、濒危有蹄类野生动物及其栖息地为主的野生动物类型自然保护区。保护区内有普氏野马等国家一级保护动物 9 种，鹅喉羚等国家二级保护动物 29 种，是中国低海拔荒漠区域内为数不多的大型有蹄类野生动物自然保护区。

　　6）羌塘高原高原真度地理大区

　　该地区位于西藏自治区内，是青藏高原的重要组成部分，亦为高原最大的内流区。南起冈底斯山脉、念青唐古拉山脉，北至喀喇昆仑山脉、可可西里山脉，东起唐古拉山脉，是青藏高原的腹地。包括几乎整个那曲地区及阿里地区东北部，总面积为 69.70 万 km^2。地貌特征主要是由低山缓丘与湖盆宽谷组成的地形，起伏和缓，气候类型为亚寒带季风气候，年均降水量约 470 mm。该地区的土壤类型多样，主要包括高寒草甸土壤和高山岩石土壤等，同时分布有冻土。根据赵松乔版的中国自然地理综合区划方案，该区划主体属于青藏高原中部高寒草原山地草原区。

经测算，20 世纪 80 年代以来该区域八个原真性指标中，原真性等级为高的有景观破碎度、河流连通度、类型转移指数、湖泊透明度，原真性等级为中的有土壤有机碳含量、空气质量指数、类型稳定度，原真性等级为低的有净初级生产力。作为中国乃至整个亚洲大陆的重要生态安全屏障和战略水资源保障区，青藏高原正面临因气候变化引发的一系列链式生态反应和灾害事件。近年来，降水增加、冰川融化、湖泊扩张和冻土退化等现象日益显著，直接影响了该区域生态系统的原真性等级。因此，如何科学应对这些气候变化驱动的复杂环境变化，已成为当前亟须解决的核心课题。

羌塘高原高原真度地理大区内部包含了四个二级区划单元（表 7-6），该区划单元的整体性原真度较高，三个原真性等级为高原真度、一个原真性等级为中高原真度。该一级大区内各二级区的指标得分具有较高的一致性，如景观破碎度和河流连通度、湖泊透明度的得分基本一致，且总体得分较高（图 7-6）。二级区划单元原真地理特征得分较低的集中在净初级生产力和土壤有机碳含量两个指标，对于前者来说其主要原因是该区域气候条件限制了植被的生长季节，降低了植物的生长速率和净初级生产力，后者主要是高山地形导致该地区的土壤多为高山草甸或高山荒漠，土壤层薄，贫瘠，有机质含量较低。高山地区的土壤有机质通常较难积累，植物残体分解缓慢，有机物的分解速度通常受到低温条件的制约。

表 7-6　羌塘高原高原真度地理大区各二级区划单元信息

二级区划名称	主要城市	面积/万 km²
昆仑山区中高原真度地理区 XVIII₁	阿里地区、巴音郭楞蒙古自治州	21.06
阿里边陲高原真度地理区 XVIII₂	阿里地区	5.30
可可西里高原真度地理区 XVIII₃	那曲市	19.77
羌塘高原南部高原真度地理区 XVIII₄	阿里地区、那曲市	23.57

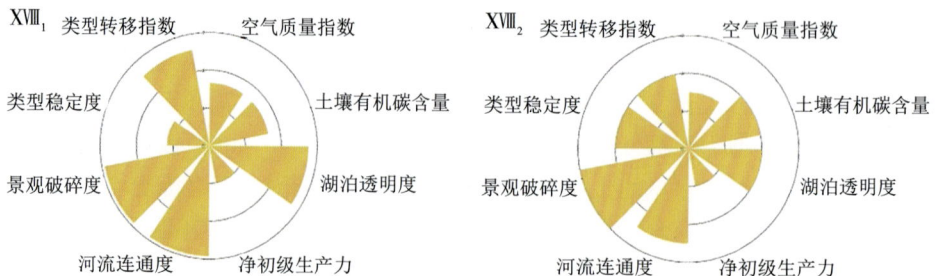

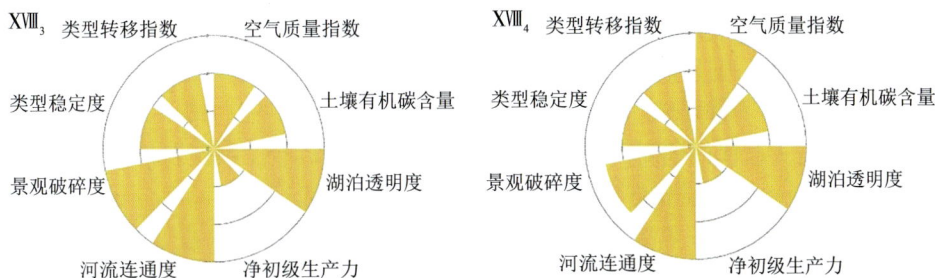

图 7-6　羌塘高原高原真度地理大区二级单元分布及原真性指标得分

作为中国生态环境脆弱地区之一，该地区近些年非常重视生态环境的保护。西藏地区是中国重要的生态安全屏障，草原具有保持水土、调节气候、净化空气、提供生产资料的重要作用。该区域作为青藏高原上重要的"江河源"，水资源涵养任务重大，是西藏建设国家生态安全屏障的排头兵、主战场。2017 年 8 月，第二次青藏高原综合科学考察研究启动。这次科考主要对青藏高原的水、生态、人类活动等环境问题进行考察研究，分析青藏高原环境变化对人类社会发展的影响。此外，国家明确提出西藏是国家重要的生态安全屏障，要加快实施《西藏生态安全屏障保护与建设规划（2008—2030 年）》，这是继青海三江源自然保护区生态保护与建设工程之后，国家在青藏高原地区实施的又一项重点生态保护工程。

7）喜马拉雅大起伏山地高原真度地理大区

该地区位于中国西藏自治区内，分布于青藏高原南缘，西起克什米尔的南迦帕尔巴特峰，东至雅鲁藏布江大拐弯处的南迦巴瓦峰，主要城市有日喀则市、山南市、林芝市等，总面积为 49.86 万 km^2。地貌特征多样，包括高峰、山谷、峡谷和冰川。该区域南北两侧气候迥异。山南气候暖热湿润。例如，墨脱和樟木两地，最热月均温分别达 22.1℃ 和 17.3℃，年降水量分别为 3000 mm 和 2800 mm 左右，而位于山麓的巴昔卡的年降水量则超过 4400 mm。山北温凉干燥，一般最热月均温多低于 10℃，年降水量少于 400 mm。气候垂直变化明显，低地地区气候通常是热带和亚热带，而高山区域气候寒冷。土壤类型因地理位置、海拔和气候条件的不同而多样，主要包括高山森林土壤、高山草地土壤、冻土等。根据赵松乔版的中国自然地理综合区划方案，该区划主体属于喜马拉雅山南翼热带亚热带山地森林区。

经测算，20 世纪 80 年代以来该区域八个原真性指标中，原真性等级为高的有景观破碎度、土壤有机碳含量、空气质量指数、类型转移指数、湖泊透明度，原真性等级为中的有类型稳定度、净初级生产力、河流连通度。该地区在全球生态系统和气候系统中扮演着重要的角色，它既是生物多样性的宝库，也是重要的水资源供应源，影响该区域原真性的突出问题是气候变化所引发的一系列灾害事件，如冰湖溃决、突发洪水、泥石流等。这些灾害事件对区域社会经济发展、生态环境等都产生了重要威胁。

喜马拉雅大起伏山地高原真度地理大区内部包含了四个二级区划单元（表 7-7），均为高原真度或中高原真度等级。该一级大区内各二级区的指标得分具有较高的一致性，如景观破碎度和空气质量指数的得分基本一致，且总体得分较高（图 7-7）。二级区划单元原真地理特征得分较低的集中在净初级生产力和类型稳定度两个指标，其主要原因是该区域气候变化和水资源管理不善可能导致洪水、干旱和水资源不稳定，对土地类型和农业生产产生影响，此外，高山地形导致气温和气候条件在垂直方向上变化巨大，对植被分布和净初级生产力产生重要影响，高海拔地区通常气温较低，植被生长季较短，因此净初级生产力较低。

表 7-7　喜马拉雅大起伏山地高原真度地理大区各二级区划单元信息

二级区划名称	主要城市	面积/万 km²
喜马拉雅山西部边陲中高原真度地理区 XIX₁	阿里地区	5.44
冈底斯山高原真度地理区 XIX₂	拉萨市、日喀则市	18.98
喜马拉雅中段中高原真度地理区 XIX₃	山南市、林芝市	17.63
藏南谷地高原真度地理区 XIX₄	山南市、林芝市	7.81

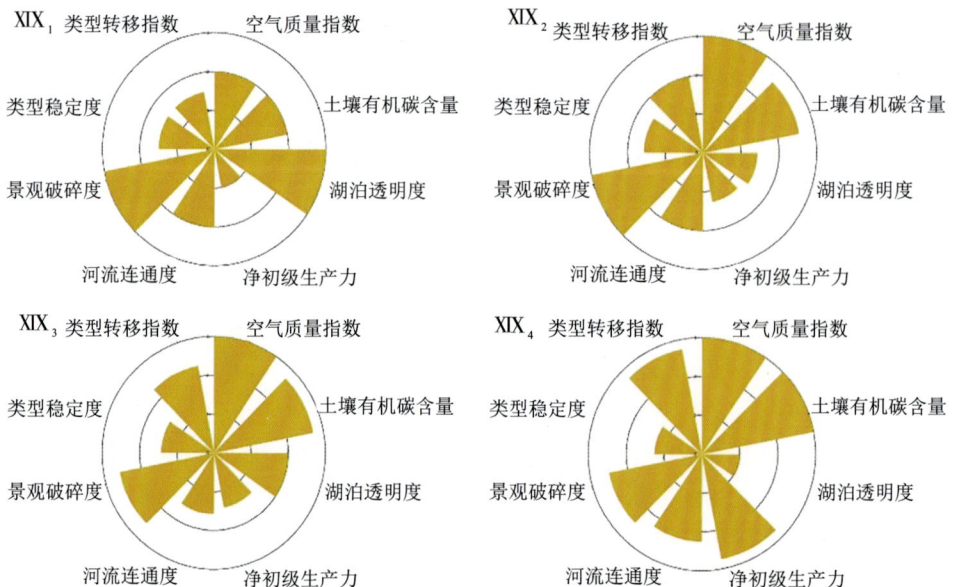

图 7-7　喜马拉雅大起伏山地高原真度地理大区二级单元分布及原真性指标得分

该区域是地中海-喜马拉雅地震带的重要组成部分，地质构造复杂，差异运动强烈，地壳活动频繁。截至 2020 年，全区共有各类应急避难场所 143 个，可容纳37 万多人。全区建立了近 7000 人的地震灾情速报员队伍，覆盖到村和社区。同时，该地区也是全球生物多样性保护最重要的区域之一，拥有丰富的生物多样性，包括许多珍稀濒危的野生动植物，如雪豹、红褐鹰、藏羚羊等。近些年来，该地区一直重视生态环境的保护，三江源国家公园建设在不断推进中，为生态环境和生物多样性的保护奠定了良好的基础。此外，中国开展的第二次青藏高原综合科学考察研究，将进一步从多角度解读"亚洲水塔"和"全球基因库"的生命密码，促进人们对当地生物多样性与生态系统多种功能的认识。

7.2　中高原真地理特征区形成机制解析

1) 小兴安岭-辽东半岛山地平原过渡带中高原真度地理大区

该地区位于东北，东临渤海，西靠辽宁省的山地区域。包括了小兴安岭山脉以及延伸到辽东半岛地区的山地和平原地带，横跨了黑龙江省、吉林省、辽宁省，总面积为 73.60 万 km²，主要城市包括哈尔滨市、长春市、沈阳市、大连市、吉林市、大庆市、黑河市等。该区域主要位于中国的松花江流域和辽河流域之间。其中小兴安岭山脉的地貌特征是起伏的山地和丘陵，山脉不高但地势较为崎岖。而辽东半岛地区主要由山地平原和沿海地带组成，地势较为平坦。气候类型为暖温带季风气候，年均降水量约 620 mm。土壤类型因地区而异，包括黑钙土、暗栗钙土等。根据赵松乔版的中国自然地理综合区划方案，该区划主体属于东北山区针阔叶混交林区。

经测算，自 20 世纪 80 年代以来，该区域八个原真性指标中，原真性等级为高的有空气质量指数、土壤有机碳含量，原真性等级为中的有类型稳定度、景观破碎度、湖泊透明度、净初级生产力，原真性等级为低的有类型转移指数、河流连通度。作为中国北方生态安全防护的重要屏障，该区域原真性等级受小兴安岭地区森林资源破坏以及黑土地退化等突出问题的显著影响。自 20 世纪中叶开发建设以来，该林区累计生产木材 6.5 亿 m³，为国家经济建设作出了巨大贡献。但是由于长期过量采伐，可采资源锐减，森林质量下降，小兴安岭几乎处于无木可采的危险边缘，要恢复到开发初期的可采蓄积水平，需要 80 年以上。此外，作为中国粮食生产的"稳压器"和"压舱石"的东北黑土地由于长期过度开发利用、气候变化等多种因素的影响，东北黑土地出现了不同程度退化问题。

小兴安岭-辽东半岛大区内部包含了六个二级区划单元（表 7-8），其中长白山脉北部高原真度地理区的得分最高，而辽东半岛中原真度地理区的得分最低。

总体而言，该一级大区内各二级区的指标得分具有较高的一致性（图 7-8）。如空气质量指数和净初级生产力的得分基本一致，且总体得分较高。二级区划单元原真地理特征得分较低的集中在类型转移指数和河流连通度两个指标，前者主要是由于该区域工农业发展，造成大量的生态用地转变为了耕地和不透水层，对原真性造成了显著破坏。后者主要是受该区域大量修筑的水库的影响，造成了河流的自由连通性被破坏。这两个问题在得分最低的辽东半岛表现最为明显。

表 7-8　小兴安岭-辽东半岛山地平原过渡带中高原真度地理
大区各二级区划单元信息

二级区划名称	主要城市	面积/万 km²
三江平原中高原真度地理区 II₁	佳木斯市、双鸭山市、鸡西市	10.58
小兴安岭高原真度地理区 II₂	哈尔滨市、黑河市、伊春市	21.47
吉林西北中原真度地理区 II₃	大庆市、松原市、白城市	11.38
长白山脉北部高原真度地理区 II₄	延边朝鲜自治州、牡丹江市	7.40
长白山脉中南部中高原真度地理区 II₅	吉林市、白山市、通化市	7.02
辽东半岛中原真度地理区 II₆	沈阳市、大连市、锦州市	15.75

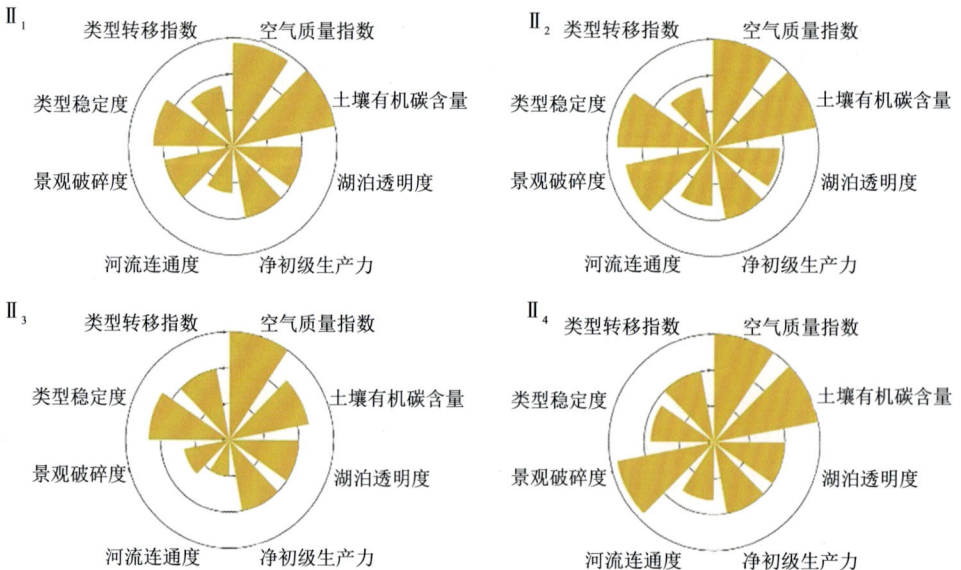

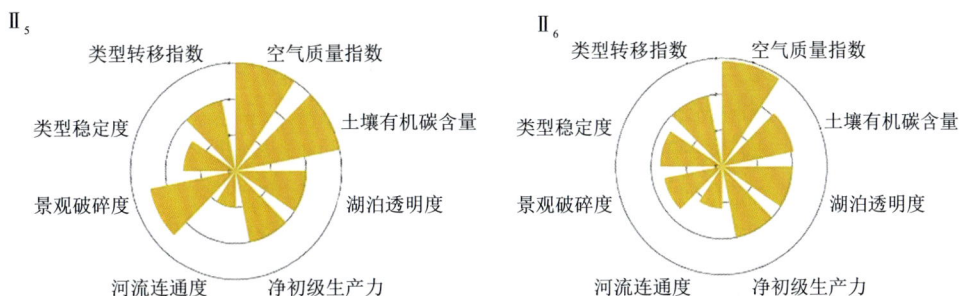

图 7-8　小兴安岭-辽东半岛山地平原过渡带中高原真度地理大区二级
单元分布及原真性指标得分

　　作为中国十分重要的森林生态功能区和木材资源战略储备基地，该区域近年来在生态文明建设方面取得了众多成绩。特别是自 2014 年小兴安岭林区全面停止天然林商业性采伐以来，小兴安岭的腹地伊春，活立木总蓄积达到 3.48 亿 m³，年均净增 1000 万 m³ 以上，自然保护区覆盖率居黑龙江省之首，并入选了首批国家生态文明先行示范区。该区域同时还是世界知名的黑土分布区，作为中国最大商品粮基地，肩负着维护国家粮食安全的重任。2020 年 7 月，习近平总书记视察吉林并作出重要指示：采取有效措施切实把黑土地这个"耕地中的大熊猫"保护好、利用好，使之永远造福人民。2022 年 6 月 24 日，第十三届全国人民代表大会常务委员会第三十五次会议通过《中华人民共和国黑土地保护法》，自 2022 年 8 月 1 日起施行。该法律对保护黑土地资源，稳步恢复提升黑土地基础地力，促进资源可持续利用，维护生态平衡，保障国家粮食安全等具有重要意义。

　　2）东南沿海-珠江三角洲平原丘陵区中高原真度地理大区

　　该区划单元包括东南沿海及广东省的珠江三角洲，总面积为 32.79 万 km²，重要城市有广州、深圳、厦门、福州等。该区域西部为珠江流域，东部则属于东南诸河流域。地貌类型以平原及丘陵为主，气候类型为南亚热带湿润区，年均降水量约 1600 mm。该区域土壤类型以珠江三角洲水稻土、赤红壤区为主。根据赵松乔版的中国自然地理综合区划方案，该区划主体属于南亚热带岭南丘陵常绿阔叶林区。

　　经测算，20 世纪 80 年代以来该区域八个原真性指标中，原真性等级为高的有空气质量指数、土壤有机碳含量、净初级生产力，原真性等级为中的有湖泊透明度、景观破碎度、类型转移指数，低原真性的指标有河流连通度、类型稳定度。作为中国经济发达地区之一，东南沿海-珠江三角洲平原丘陵区生态环境面临着一系列突出问题。首先，该地区水资源压力巨大，工农业生产对水资源的需求巨大，并且近年来修筑了大量水库，进一步加剧了水资源压力。其次，土地利用矛盾十分突出，土地资源广泛开发用于城市建设、工业园区和农业生产等，导致土地利用压力过大。大量农田被转变为建设用地，农业面积减少，给农业生产和粮食安全带来了挑战。此外，随着城市化进程的加快，湿地、森林和河流等生态环境遭到破坏和污染，威胁该地区的自然生态系统的原真性。

在东南沿海-珠江三角洲平原丘陵区中高原真度地理大区内，包含了六个二级区划单元（表7-9）。其中两个为高原真度，一个为中高原真度，三个为中原真度。宝岛台湾高原真度地理区得分最高，而粤西北中原真度地理区的得分最低。该一级大区内各二级区的指标得分表现出较高的一致性（图7-9）。例如，空气质量指数、土壤有机碳含量、净初级生产力在各二级单元中均得到较高的评分。相反，原真地理特征得分较低主要集中在类型稳定度和类型转移指数两个指标上。造成这些指标得分较低的原因是由于该地区土地资源广泛开发，用于城市建设、工业园区和农业生产等，土地利用压力过大。大量农田被转变为建设用

表 7-9　东南沿海-珠江三角洲平原丘陵区中高原真度地理大区各二级区划单元信息

二级区划名称	主要城市	面积/万 km²
宝岛台湾高原真度地理区 Ⅵ₁	台北市、高雄市	3.62
福建沿海中高原真度地理区 Ⅵ₂	福州市、莆田市	5.12
粤港澳中原真度地理区 Ⅵ₃	广州市、深圳市、澳门特别行政区	6.75
粤东北高原真度地理区 Ⅵ₄	梅州市、河源市	3.21
粤西北中原真度地理区 Ⅵ₅	佛山市、韶关市	5.82
雷州半岛-海南岛中原真度地理区 Ⅵ₆	海口市、阳江市	8.27

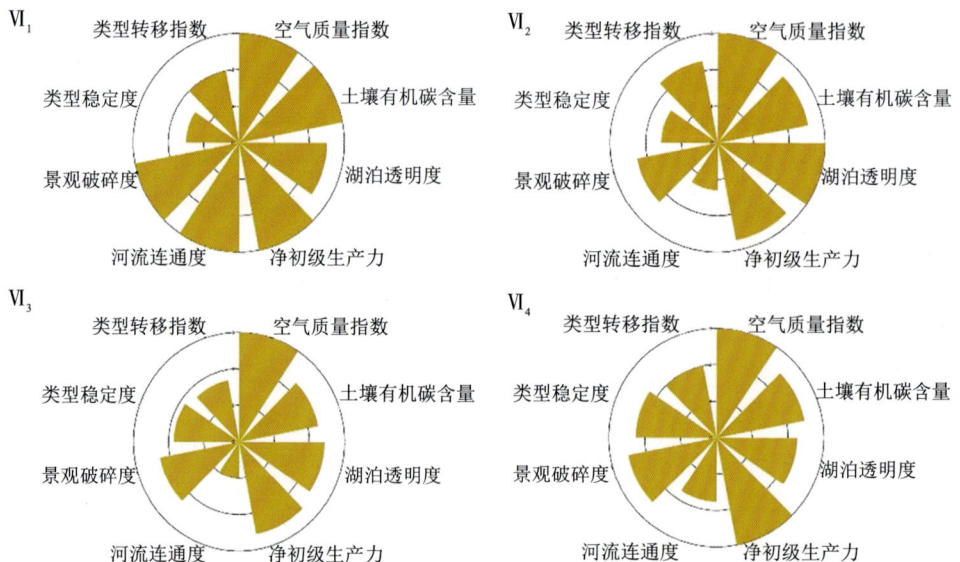

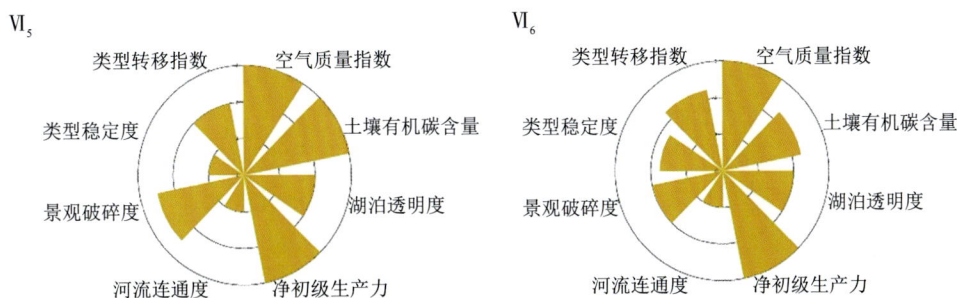

图 7-9　东南沿海-珠江三角洲平原丘陵区中高原真度地理大区
二级单元分布及原真性指标得分

地，农业面积减少，对原真性造成了显著破坏。上述现象在粤港澳中原真度地理区体现最为明显。此外，除宝岛台湾高原真度地理区，其余的二级区划单元的河流连通度得分均较低，表明水库修筑所引发的生态环境问题是该区域的共性挑战。

近年来该区域也取得了一系列生态文明建设的成绩。生态环境治理是系统工程，广东坚持山水林田湖草沙系统治理，在污染治理的同时持续推进生态修复，积极推进珠江水系的修复和治理工作。2022 年广东省空气质量指数达标率为 91.3%，PM$_{2.5}$ 平均浓度再创新低，连续 3 年达到世界卫生组织第二阶段目标。珠三角 PM$_{2.5}$ 平均浓度为 19μg/m³，率先在长三角、珠三角和京津冀三大城市群中进入"1 字头"。全省地表水优良率达 92.6%，再创新高。同时该区域注重自然保护区的建设和管理。广东省在该区域内设立了一批自然保护区，如深圳大梅沙国家级自然保护区、广州白云山自然保护区等。这些自然保护区起到了重要的生态保护和物种保育的作用，为区域的生态平衡和生物多样性提供了保障。

3）云贵高原中高原真度地理大区

该地区位于西南地区，横跨云南省和贵州省，是中国重要的高原地区之一。总面积为 47.38 万 km²，主要城市包括昆明、大理、贵阳、遵义等。该地区西部和北部与位于云南中部的滇中高原地区地形相连，东部和南部与广西壮族自治区、广东省和湖南省接壤。该地区拥有众多的河流，如澜沧江、红河、金沙江、沅江、怒江等。云贵高原地区地貌特征多种多样，以山地和丘陵地貌为主，形成了丰富多彩的地貌景观。气候类型为亚热带高海拔气候，年均降水量约 1100 mm。该区域的土壤类型主要包括红壤、棕壤、山地森林土壤等。根据赵松乔版的中国自然地理综合区划方案，该区划主体属于中亚热带云南高原常绿阔叶区。

经测算，20 世纪 80 年代以来该区域八个原真性指标中，原真性等级为高的有净初级生产力、空气质量指数，原真性等级为中的有类型转移指数、类型稳定度、景观破碎度、土壤有机碳含量、湖泊透明度，原真性等级为差的有河流连通度。作为中国生态脆弱区的重点保护区域，影响该地区原真性等级的主要问题是石漠化和水资源短缺等。石漠化已经成为岩溶地区最大的生态问题，与西北地区的沙漠化、黄土高原的水土流失并称为中国三大生态灾害。其形成的主要因素是土壤侵蚀、不合理的土地利用、过度采伐森林、采矿活动以及城镇建设和开发等。

　　云贵高原中高原真度地理大区包含了四个二级区划单元（表 7-10）。该区域的总体原真性等级较好，包含两个高原真度地区、两个中高原真度地区（图 7-10）。影响该区域原真性的主要问题是河流连通度降低。河流连通度的下降与该区域大量修筑的水库有关。在该一级区划单元内部，黔东-湘西地区原真性等级较低，而滇西北原真性等级相对较高，黔东-湘西地区的问题主要体现在类型转移指数和净初级生产力相比较其他三个二级分区明显偏低，表明该区域近年来植被受到人类活动的影响较大。

表 7-10　云贵高原中高原真度地理大区各二级区划单元信息

二级区划名称	主要城市	面积/万 km²
黔东-湘西中高原真度地理区 X₁	恩施土家族苗族自治州、张家界市	11.99
贵阳-遵义高原真度地理区 X₂	贵阳市、遵义市、毕节市	8.83
黔东南中高原真度地理区 X₃	凉山彝族自治州、丽江市	8.51
滇西北高原真度地理区 X₄	昆明市、玉溪市、百色市	18.05

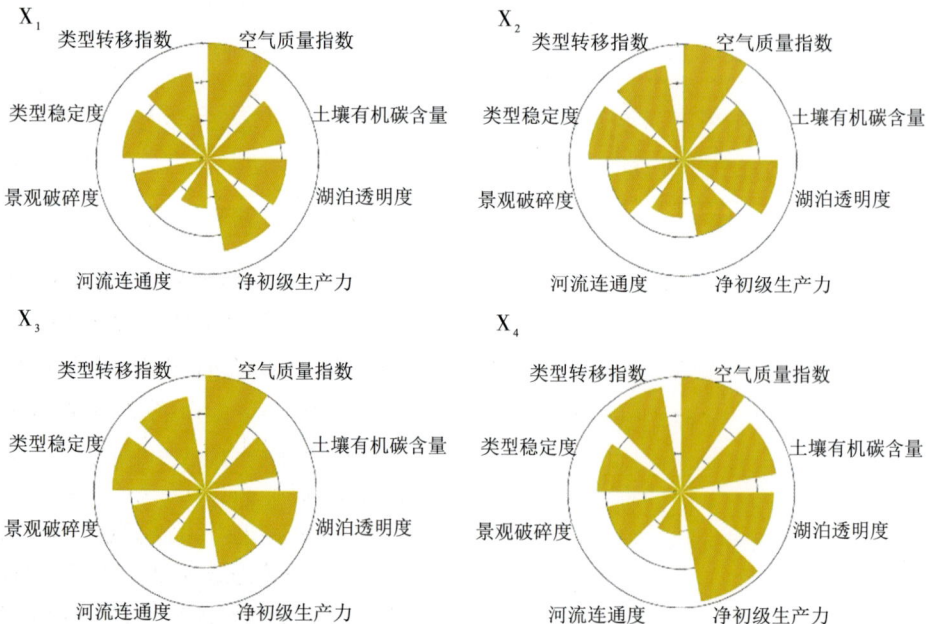

图 7-10　云贵高原中高原真度地理大区二级单元分布及原真性指标得分

作为中国生态环境脆弱地区之一，该区域近年来在治理石漠化问题中取得了众多成绩。石漠化的根本问题是生态问题，人工造林和恢复森林植被是治理的主要措施。2010～2020 年，贵州石漠化面积从 3.02 万 km^2，减少到目前的 1.71 万 km^2 以下，减少 1.31 万 km^2，减幅达 43.38%，是中国岩溶地区石漠化面积减少数量最多、减少幅度最大的省份。其中，林草工程治理面积占比高达 90%以上。此外，针对该区域突出的水资源和水环境问题，各级政府也进行了重点治理。如"十一五"期间昆明市启动了滇池治理"六大工程"之一的牛栏江-滇池补水工程，加之前期的清水海、掌鸠河等引水工程及流域内污水处理厂尾水外排，形成了天然水、外调水、再生水"三水"共存的复杂格局，彻底改变了滇池区域和流域的水资源系统边界条件，对滇池流域水资源系统的时空分配及水质提升带来了新的机遇和挑战。2018 年滇池污染治理取得突破性成效，水质从 2015 年的劣 V 连升两级达到IV类。

4）湘桂丘陵山地中高原真度地理大区

该区划单元位于中国的南部地区，总面积为 43.99 万 km^2，重要城市有南宁、桂林、长沙等。该区域北部以长江流域为界，南部则以珠江流域为界。地貌类型以平原及低中山为主。气候类型为中亚热带湿润区，年均降水量约 1400 mm。该区域土壤类型以江南山地红壤、黄壤、水稻土为主。根据初级生产力，该区划主体属于中亚热带长江南岸丘陵盆地常绿阔叶林区。

经测算，20 世纪 80 年代以来该区域八个原真性指标中，原真性等级为高的有空气质量指数、初级生产力以及景观破碎度，原真性等级为中的有类型稳定度、类型转移指数、土壤有机碳含量和湖泊透明度，原真性等级为低的有河流连通度。湘桂丘陵山地是中国重要的丘陵山地区域，拥有丰富的地形景观和自然资源。然而，该地区也存在一些生态环境问题。其中之一是土地利用冲突。农业、林业、城镇化和工业发展等需求对有限的土地资源产生竞争，导致土地过度开发和不合理利用。

在湘桂丘陵山地中高原真度地理大区内，包含了四个二级区划单元（表 7-11）。其中两个为高原真度，两个为中高原真度（图 7-11）。南岭山区高原真度地理区的得分最高，而湘南-黔东南中高原真度地理区的得分最低。该一级人区内各二级区的指标得分表现出较高的一致性。例如，空气质量指数在该区划单元的各二级单元中均得到较高的评分。然而，二级区划单元的原真地理特征得分较低主要集中在河流连通度及类型转移指数上。前者主要是该区域进行大规模的水利工程建设，如水库、堤坝、引水渠等，阻断水系的自然流动，导致水系的联通度下降。后者则是因为该区域大量土地被利用成为建设用地，导致类型稳定度下降。上述问题在湘南-黔东南中高原真度地理区体现较为明显，该地区土地利用类型变化强烈，大量生态用地被转换为了工农业用地和城镇用地。

表 7-11　湘桂丘陵山地中高原真度地理大区各二级区划单元信息

二级区划名称	主要城市	面积/万 km²
湘南-黔东南中高原真度地理区 XI₁	长沙市、衡阳市	15.92
南岭山区高原真度地理区 XI₂	贺州市、连州市	5.73
北部湾高原真度地理区 XI₃	南宁市、崇左市	10.95
桂北中高原真度地理区 XI₄	柳州市、河池市	11.39

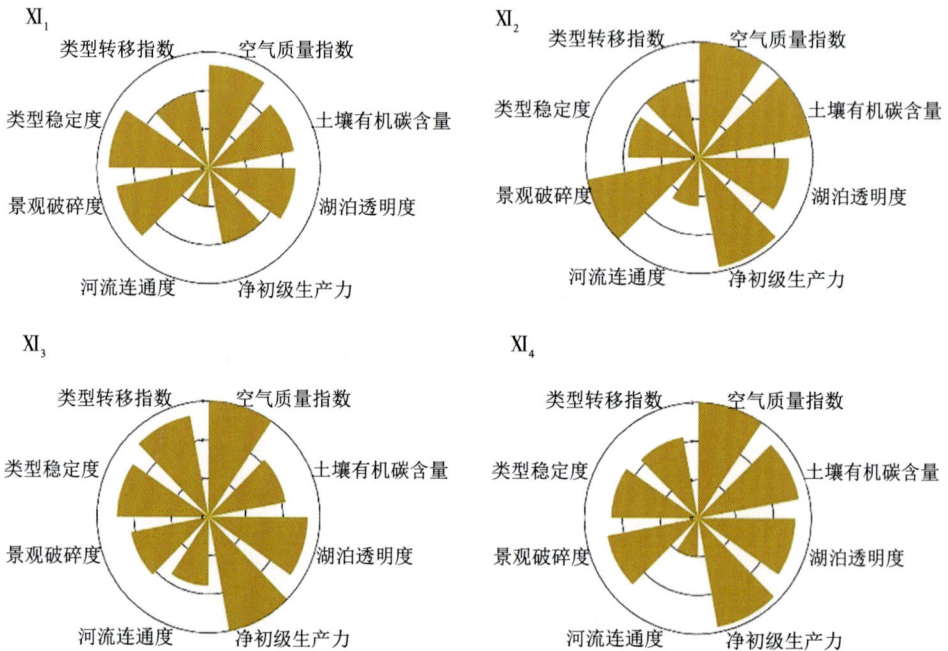

图 7-11　湘桂丘陵山地中高原真度地理大区二级单元分布及原真性指标得分

　　该区划单元在生态文明建设方面也取得了一系列成绩，生态环境质量改善显著。2020 年，湖南省 60 个国家考核断面水质优良率为 93.3%，国考断面全面消除劣V类水质，全省地级城市空气质量优良天数比例为 91.7%，比 2015 年提高 10.3 个百分点，全省 PM$_{2.5}$ 年均浓度为 35μg/m³，达到国家环境空气质量二级标准的市级城市由 2015 年的 0 个提升至 7 个。全省受污染耕地和污染地块安全利用率达到国家考核要求。广西壮族自治区也深入贯彻习近平生态文明思想，践行"绿水青山就是金山银山"发展理念，积极开展生态文明示范创建工作，目前（2020 年），共成功创建国家生态文明建设示范区 16 个、"绿水青山就是金山银山"实践创新基地 5 个。协同推进经济高质量发展和生态环境高水平保护。

5）内蒙古西部丘陵中高原真度地理大区

该区划单元位于中国北部，总面积为 65.59 万 km²，重要城市有兰州、银川、包头、呼和浩特等。该区域地处内流区，地貌类型以丘陵平原为主。气候类型为中温带干旱地区，年均降水量约 400 mm。该区域土壤类型以灰棕漠土、风沙土区为主。根据赵松乔版的中国自然地理综合区划方案，该区划主体属于内蒙古高原干草原荒漠草原区。

经测算，20 世纪 80 年代以来该区域八个原真性指标中，原真性等级为高的有空气质量指数、类型转移指数、景观破碎度，原真性等级为中的有河流连通度、湖泊透明度，原真性等级低的有类型稳定度、土壤有机碳含量、净初级生产力。内蒙古西部地区拥有丰富的自然资源，但同时也面临着严重的生态环境问题和资源利用挑战。该地区主要由草原和沙漠组成，草原退化和沙漠扩张是该地区生态环境主要问题，过度开垦和不合理的农牧业活动是导致草原退化和沙漠化加剧的主要原因。过度放牧导致牲畜过多地依赖于有限的草地资源，使得草地无法得到恢复和更新，草甸覆盖率逐渐下降。此外，气候干旱和水资源分布不均等因素导致该地区的水资源供需矛盾突出。水资源的过度开采和不合理利用使得地下水位下降，湖泊和河流水量减少，生态系统受到严重影响。

在内蒙古西部丘陵中高原真度地理大区内，包括四个二级区划单元（表 7-12），均为中高原真度，其中阿拉善盟中高原真度地理区的得分最高，而河西走廊中高原真度地理区的得分最低（图 7-12）。各二级区划单元在指标得分上显示出较高的一致性。例如，空气质量指数和河流连通度在该地区的各二级单元中均获得较高的评分。然而，二级区划单元的原真地理特征得分较低，主要集中在净初级生产力和土壤有机碳含量方面。过度放牧是初级生产力下降的主要原因，牲畜过多地依赖有限的草地资源，导致草地无法得到恢复和更新，草地覆盖率逐渐下降，从而降低了净初级生产力。此外，大规模的农业开垦也导致土地的破坏和退化，使土壤容易受到风蚀和水蚀的影响，进而导致土壤有机碳含量下降。这些问题严重影响了该地区的生态系统。

表 7-12　内蒙古西部丘陵中高原真度地理大区各二级区划单元信息

二级区划名称	主要城市	面积/万 km²
阴山北部边境中高原真度地理区 XII₁	呼和浩特市	13.70
银川平原中高原真度地理区 XII₂	银川市	8.10
阿拉善盟中高原真度地理区 XII₃	阿拉善盟	28.99
河西走廊中高原真度地理区 XII₄	兰州市、张掖市	14.80

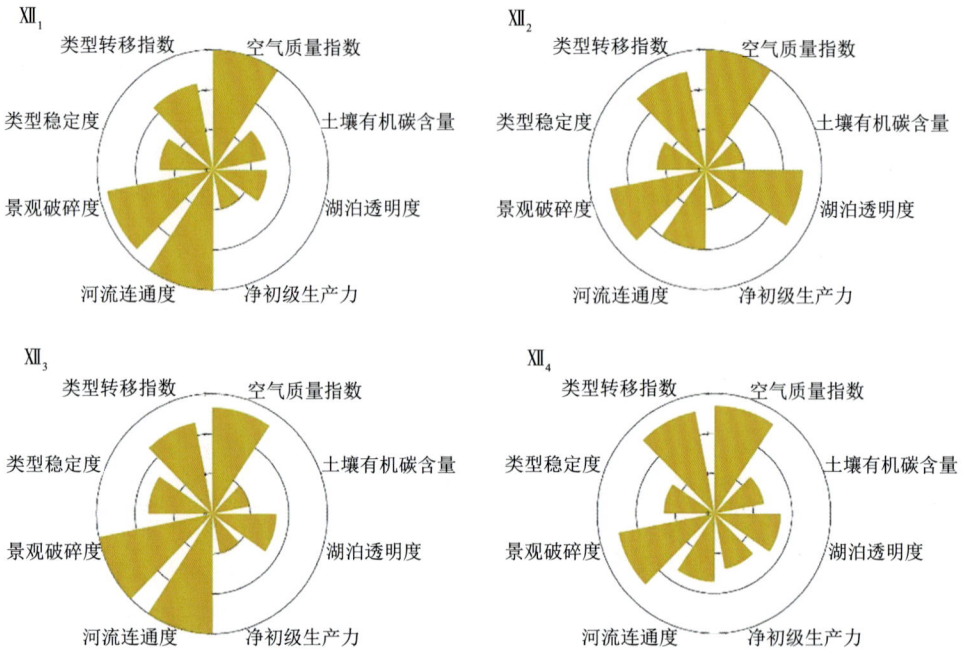

图 7-12　内蒙古西部丘陵中高原真度地理大区二级单元分布及原真性指标得分

该区划单元在生态文明建设方面也制定了合理的规划：例如，内蒙古自治区将防沙治沙工作纳入国民经济发展规划，并实行了防沙治沙目标责任制。该地先后组织实施了一系列国家重点工程项目，如"三北"防护林、天然林保护等。对于不具备治理条件的沙化土地采取了封禁保护措施；对于沙化退化草原，实施了禁牧休牧和草畜平衡政策。此外还修订了相关技术标准，培育选育适宜不同类型沙区生长的抗旱、抗寒、抗盐碱、抗病虫害植物良种。通过总结各地防沙治沙的经验做法，并发挥典型引领作用。根据内蒙古自治区第五次荒漠化和沙化土地监测结果，与第四次监测结果相比，荒漠化土地面积减少了 625 万亩①，沙化土地面积减少了 515 万亩。

6）柴达木盆地中高原真度地理大区

该区划单元位于中国的西北部地区，总面积为 54.72 万 km^2，重要城市有西宁市，海南藏族自治州。该区域西部是内流区，东部则是黄河流域。地貌类型以盆地为主。气候类型为温带半干旱区，年均降水量约 500 mm。该区域土壤类型主要有灰棕漠土和风沙土。根据赵松乔版的中国自然地理综合区划方案，该区划主体属于塔里木盆地暖温带干旱区。

经测算，20 世纪 80 年代以来该区域八个原真性指标中，原真性等级为高的

① 1 亩≈666.67m²。

有空气质量指数、景观破碎度，原真性等级为中的有河流连通度、类型转移指数、土壤有机碳含量、湖泊透明度，原真性等级低的有类型稳定度、净初级生产力。柴达木盆地是位于青藏高原中部的一个大型内陆盆地，面积广阔，具有丰富的自然资源，但生态环境质量存在一系列问题，如由于干旱气候、不当土地利用和农业活动，柴达木盆地的部分地区面临土壤盐碱化问题，导致土地退化、农田可利用面积减少和农作物生长受阻。这种土壤盐碱化现象给农业生产和生态环境带来了重大挑战。水资源短缺也是影响该地区生态发展的一个重要原因，柴达木盆地地处高原内陆，降水相对较少，水资源稀缺。盆地内的湖泊和河流水量有限，且受到气候变化和人类活动的影响，容易出现水资源供需矛盾和水污染问题。

柴达木盆地中高原真度地理大区，包括三个二级区划单元（表 7-13），两个为中高原真度，另外一个为中原真度。其中青海湖流域的得分最高，而青海西北部的得分最低。各二级区划单元在指标得分上显示出较高的一致性（图 7-13）。

表 7-13　柴达木盆地中高原真度地理大区各二级区划单元信息

二级区划名称	主要城市	面积/万 km²
青海湖流域中高原真度地理区 XIII₁	西宁市	15.22
青海西北部中原真度地理区 XIII₂	海西蒙古族藏族自治州	31.00
黄河源中高原真度地理区 XIII₃	果洛藏族自治州	8.50

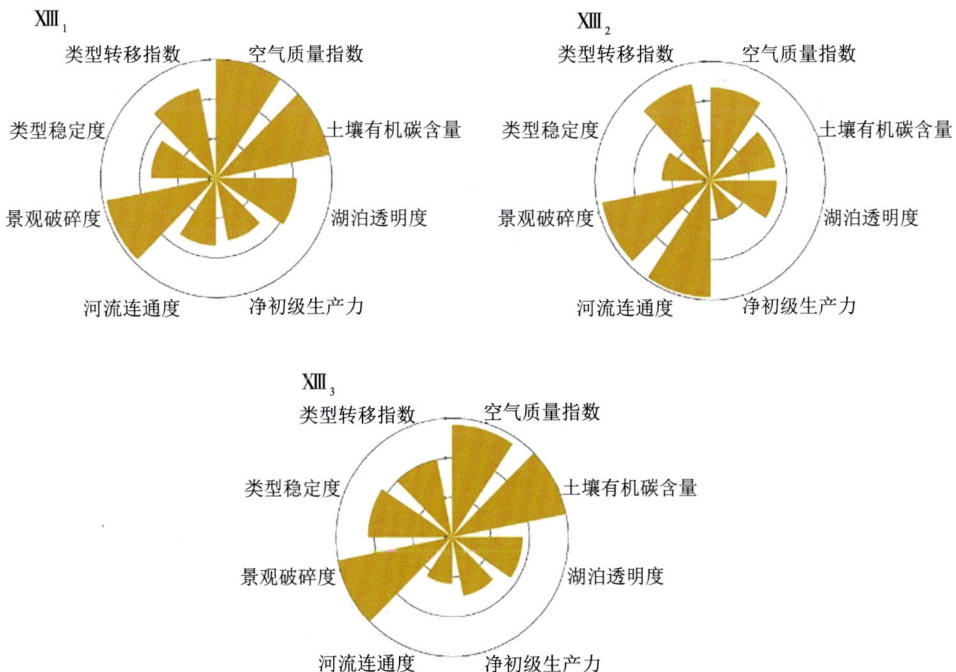

图 7-13　柴达木盆地中高原真度地理大区二级单元分布及原真性指标得分

例如，空气质量指数和景观破碎度在各二级单元中均获得较高的评分。原真地理特征得分较低的指标主要集中在净初级生产力和类型稳定度。前者主要由于土壤盐碱化问题，土地退化、土壤肥力下降。这种土壤盐碱化现象对区划单元内的净初级生产力也产生了负面影响。后者则是人类活动对土地利用方式的改变，导致了类型稳定度的降低。上述问题在青海西北部中高原真度地理区体现较为明显。

该区划单元在生态文明建设方面也设定了一些合理的规划，如《西宁市"十四五"生态环境保护规划》提出"十四五"时期生态环境保护主要目标是，到 2025年，全市生态环境得到新改善。国土空间开发保护更好落实，湟水流域生态保护持续加强；生产生活方式绿色转型成效显著，生态产品价值实现机制取得突破。城乡人居环境更加干净美丽，公园城市基本建成。《西宁市"十四五"生态环境保护规划》从守护国家生态安全屏障门户，促进高质量发展；控制温室气体排放，积极应对气候变化；注重"多源"协同治理，持续改善大气环境；注重"三水"统筹治理，持续提升水环境；注重"分类"靶向管控，保障土壤环境安全；强化环境风险防控，守牢环境安全底线；深化改革创新，推进现代环境治理体系和能力建设七方面入手，为西宁市未来生态环境发展定下了目标任务，指明了方向。

7）横断山区中高原真度地理大区

该区划单元位于西南地区，总面积为 20.72 万 km^2，重要城市有普洱市、临沧市、保山市。该区域发育有澜沧江、怒江等国际河流。地貌类型以高山盆地为主。气候类型为中亚热带湿润区，年均降水量约 1100 mm。该区域土壤类型主要有赤红壤和燥红土。根据赵松乔版的中国自然地理综合区划方案，该区划主体属于滇西南季风林区。

经测算，自 20 世纪 80 年代以来，该区域八个原真性指标中，原真性等级为高的有空气质量指数、景观破碎度、净初级生产力，原真性等级为中的有土壤有机碳含量、类型转移指数、湖泊透明度，原真性等级低的有类型稳定度、河流连通度。横断山区是世界生物多样性最丰富的区域，但由于人口增长迅速，农牧业用地不断向更高海拔的林区扩张、土地退化、生物多样性减少、土地利用类型变化明显。此外河流连通度在 1950 年以来也下降明显。

横断山区中高原真度地理大区，包括两个二级区划单元（表 7-14），其中三江并流区中高原真度地理区的得分最高，而滇南边境中高原真度地理区的得分略低。两个二级区划单元在指标得分上显示出较高的一致性（图 7-14）。例如，空气质量指数和净初级生产力均获得较高的评分。原真地理特征得分较低的主要集中在类型稳定度和河流连通度。前者由于人口增长迅速，农牧业用地不断向更高海拔的林区扩张，进而土地退化、生物多样性减少。后者主要是受该区域大量修筑的水库的影响，造成了河流的自由连通性被破坏。上述问题在滇南边境地区体现较为明显。

表 7-14　横断山区中高原真度地理大区各二级区划单元信息

二级区划名称	主要城市	面积/万 km²
三江并流区中高原真度地理区 XV_1	保山市、怒江傈僳族自治州	5.18
滇南边境中高原真度地理区 XV_2	临沧市、普洱市	15.54

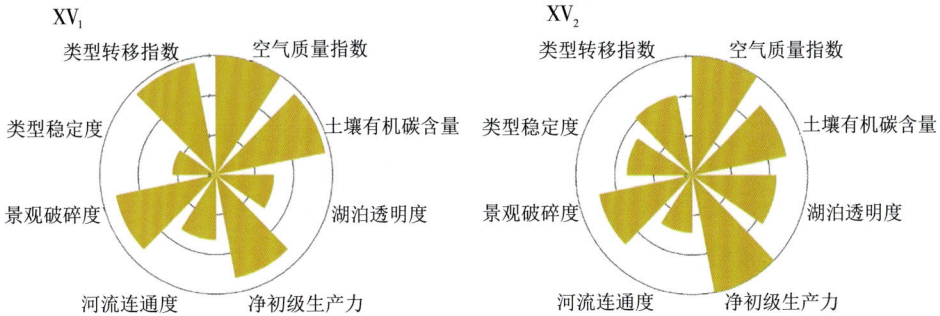

图 7-14　横断山区中高原真度地理大区二级单元分布及原真性指标得分

　　该区域是著名的生物多样性热点地区，各级政府在横断山地区建立了大量的保护区，目前有国家级保护区 43 个，绝大多数保护区设立的目的是保护森林、湿地和野生动物。例如，在长江重点生态区（含川滇生态屏障）生态保护和修复重点工程中，包括横断山区水源涵养与生物多样性保护等。此外，"十三五"时期，云南省把争当中国生态文明建设排头兵转化为建设"绿美云南"的行动实践，在全省形成生态优先、绿色发展的共识共为，为全省开启全面建设人与自然和谐共生的现代化新征程奠定了坚实基础。云南省下大力气打好污染防治攻坚战，生态环境质量持续保持优良。全力推进污染防治攻坚战，2020 年，16 个州（市）政府所在地城市环境空气质量优良天数比率为 98.8%；纳入国家考核的地表水断面Ⅰ～Ⅲ类水体比例达 83%，六大水系出境跨界断面水质全面稳定达标并保持Ⅲ类以上，劣Ⅴ类水体比例下降到 4%。有序推进云南省 2060 年前碳中和路径设计，明确实现碳中和的重点领域、关键技术、关键产业、重大政策和重要制度安排。有效发挥森林、草原、湿地、土壤、冻土的固碳作用，重点强化森林抚育，提高林木蓄积量，加强生态农业增汇，提升生态系统碳汇能力和增量。积极推动岩溶碳汇开发利用。

7.3　中原真地理特征区形成机制解析

1）长江中下游平原丘陵区中原真度地理大区
该区划单元位于长江中下游地区，总面积为 78.35 万 km²，重要城市有武汉、南昌、南京、上海等。该区域北部属于淮河流域，南部则归属于长江流域。地貌类型以平原及丘陵为主，气候类型为北亚热带湿润地区，年均降水量约 1300 mm，土壤类型包括江南山地红壤、黄壤、水稻土等。根据赵松乔版的中国自然地理综合区划方案，该区划主体属于北亚热带长江中下游谷地混交林区。

经测算，20 世纪 80 年代以来该区域八个原真性指标中，原真性等级为高的有空气质量指数、净初级生产力和湖泊透明度，原真性等级为中的有土壤有机碳含量、景观破碎度和类型稳定度，原真性等级为低的有河流连通度、类型转移指数。该地区经济发展快，但不合理的人类活动引发了一系列重大生态环境问题，其中水安全问题较为突出。具体表现是工农业发展和城市扩张侵占了大量湖泊湿地，河湖的自然岸线被破坏，河道行洪能力减弱，在极端天气频发的背景下，急需增强对水灾害性事件的抵御能力。同时，大量修筑的水库造成河流连通度下降，对生物多样性、水资源调节和水生态功能带来了负面影响。与之对应的是，近年来对长江流域水污染问题的治理取得了一定成效，如该区域湖泊透明度总体上升，该指标的原真性得分较高也验证了这一趋势。

长江中下游平原丘陵区中原真度地理大区内部包含了九个二级区划单元（表 7-15），总体而言，该一级大区内各二级区的指标得分有较高的一致性（图 7-15）。如空气质量指数和净初级生产力在各区划单元中均得到较高的分数。二级区划单元原真地理特征得分较低的集中在类型稳定度和河流连通度两个指标，前者主要由于社会经济发展，大量的生态用地如森林、湿地、湖泊转换成为耕地、不透水层等非生态用地，对类型变化的原真性造成了显著破坏。后者主要是由于该区域大量修建水库的影响，修建水库的过程中，原本连通的河道被截断，阻碍了水流的自由流动，降低了河流连通度。上述问题在江淮平原低原真度地理区体现最为明显。

表 7-15　长江中下游平原丘陵区中原真度地理大区各二级区划单元信息

二级区划名称	主要城市	面积/万 km²
淮河上中游低原真度地理区 V₁	南阳市、驻马店市	8.15
皖西-豫北中原真度地理区 V₂	襄阳市、信阳市	11.72
江淮平原低原真度地理区 V₃	扬州市、泰州市	4.92
长三角中高原真度地理区 V₄	上海市、无锡市	3.72
皖南中原真度地理区 V₅	安庆市、宣城市	7.53
浙南中高原真度地理区 V₆	金华市、丽水市	8.91
江汉平原中原真度地理区 V₇	武汉市、岳阳市	13.22
鄱阳湖流域低原真度地理区 V₈	南昌市、抚州市	13.65
武夷山区中高原真度地理区 V₉	三明市、南平市	6.53

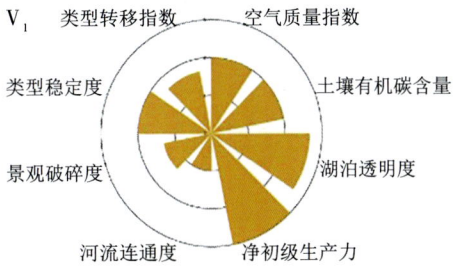

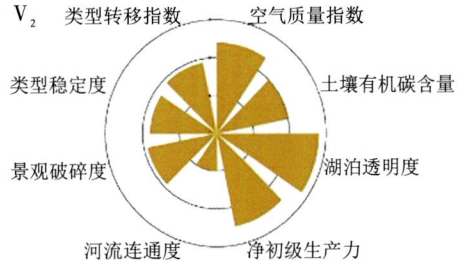

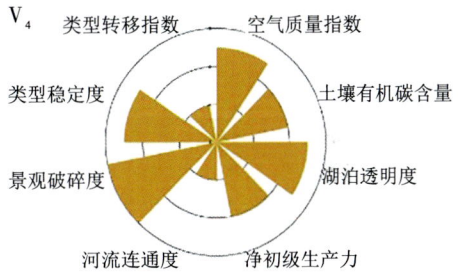

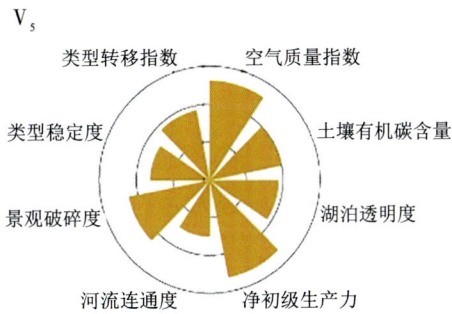

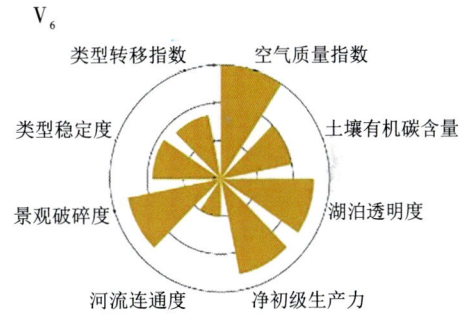

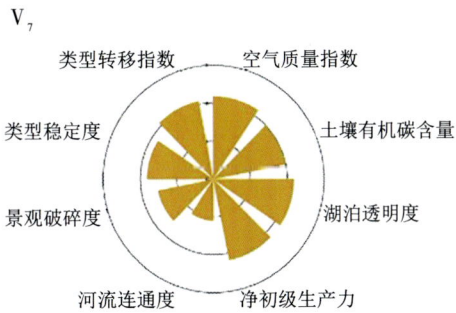

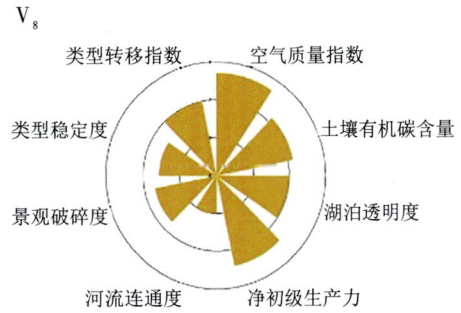

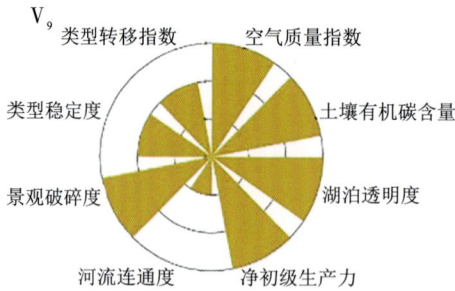

图 7-15　长江中下游平原丘陵区中原真度地理大区二级单元分布及原真性指标得分

党的十八大以来，以习近平生态文明思想为指引，按照长江经济带"共抓大保护、不搞大开发"的要求，各地区、各部门，按照《长江中下游流域水污染防治规划（2011—2015 年）》加强饮用水水源地保护，优化水资源配置，保障生态用水需求，提高工业污染防控水平，强化生态系统管护，严厉打击生态破坏行为，这些措施的实施，有力地推动了长江中下游地区生态环境质量的改善。然而，长江经济带的生态环境治理仍然面临一些挑战，需要持续的努力和跨部门、跨地区的合作，以确保长江经济带的生态环境持续改善，为人民群众提供更好的生态环境。2023 年 10 月，习近平总书记在江西省南昌市主持召开进一步推动长江经济带高质量发展座谈会时指出："从长远来看，推动长江经济带高质量发展，根本上依赖于长江流域高质量的生态环境。"该科学论断也为长江流域进一步贯彻"生态优先"的发展理念指明了方向。

2）黄土高原中原真度地理大区

该区划单元位于中国中部，横跨了多个省份和地区，总面积达 53.06 万 km²，主要省区包括山西省、陕西省、甘肃省、内蒙古自治区等，主要城市包括西安市、延安市、太原市、晋中市等。该区域位于中国的黄河流域，其地貌呈现出丘陵起伏、沟壑纵横的特点，且河流多呈流速较快，侵蚀强烈的状态。气候类型为温带大陆性气候，年均降水量约 590 mm，夏季炎热而短，冬季寒冷而干燥，降水分布不均，多集中在夏季，冬季降雨较少。该区域的土壤类型主要是黄色的风蚀黏土，土壤贫瘠，有机质含量低。根据赵松乔版的中国自然地理综合区划方案，该区划主体属于黄土高原森林草原干草原区。

经测算，20 世纪 80 年代以来该区域八个原真性指标中，原真性等级为高的有类型转移指数、空气质量指数，原真性等级为中的有景观破碎度、湖泊透明度、河流连通度，原真性等级为低的有类型稳定度、净初级生产力、土壤有机碳含量。作为中国最重要的生态安全屏障和粮食生产基地之一，影响该区域原真性等级的突出问题主要是水土流失。由于黄土的土质疏松、抗侵蚀能力弱，加之该区域植被覆盖相对较差，在强降水作用下极易发生流水侵蚀。该区域也曾是世界上水土流失最严重的地区之一，生态环境非常恶劣。

黄土高原中原真度地理大区内部包含了六个二级区划单元（表 7-16），其中一个为高原真度、一个为中高原真度、四个为中原真度。河套地区的得分最高，而陕北中原真度地理区的得分最低。总体而言，该一级大区内各二级区的指标得分具有较高的一致性（图 7-16）。如空气质量指数和类型转移指数的得分基本一致，且总体得分较高。二级区划单元原真地理特征得分较低的集中在类型稳定度和河流连通度两个指标，前者主要是该区域人类频繁的活动造成植被的破坏，从而导致水土流失的加剧，水土流失导致沟壑增多，而沟壑增多反过来又导致水土流失加剧，对原真性造成了显著破坏。后者主要是受该区域大量修筑的水库的影响，造成了河流的自由连通性被破坏。

表 7-16 黄土高原中原真度地理大区各二级区划单元信息

二级区划名称	主要城市	面积/万 km²
晋北中原真度地理区 Ⅶ₁	大同市、朔州市、忻州市	11.61
晋南中原真度地理区 Ⅶ₂	太原市、晋中市、运城市	8.99
河套地区高原真度地理区 Ⅶ₃	鄂尔多斯市	7.63
陕北中原真度地理区 Ⅶ₄	延安市、榆林市、吕梁市	10.16
陇东中高原真度地理区 Ⅶ₅	庆阳市、平凉市、咸阳市	8.49
关中平原中原真度地理区 Ⅶ₆	洛阳市、西安市、三门峡市	6.18

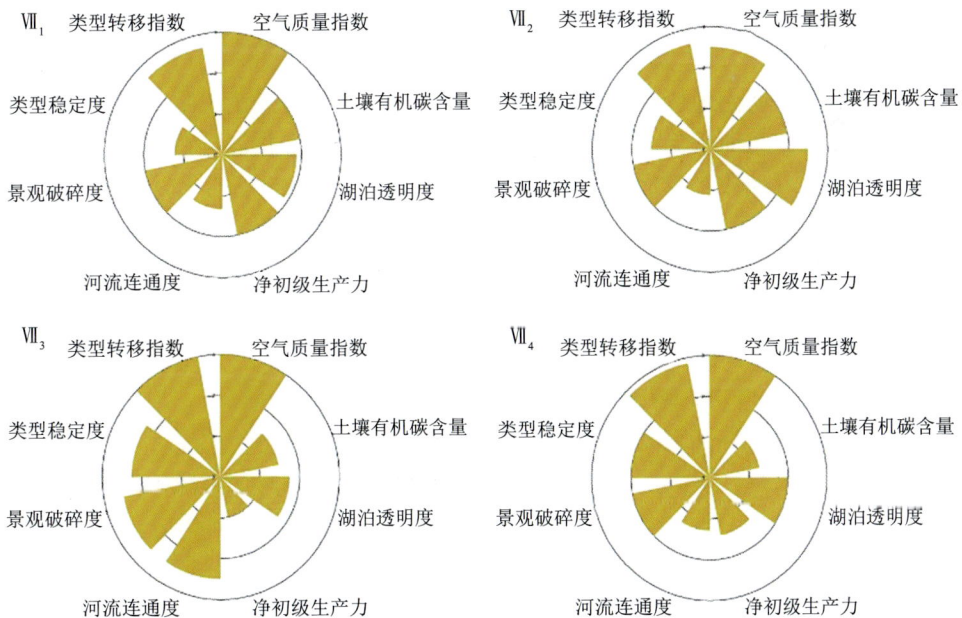

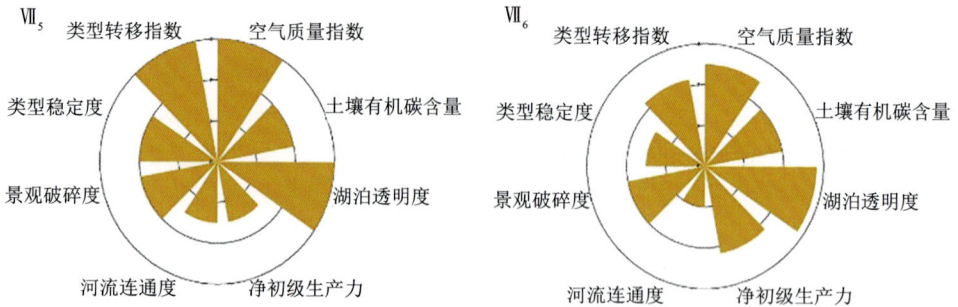

图 7-16　黄土高原中原真度地理大区二级单元分布及原真性指标得分

　　作为黄河流域高质量发展的承载区，该区域近年来在生态文明建设方面取得了众多成绩。经过多年治理，黄河流域水土流失面积和强度实现"双下降"，生态环境持续向好，水土流失严重的状况明显好转。根据最近发布的《黄河流域水土保持公报（2020 年）》，截至 2020 年底，黄河流域累计初步治理水土流失面积 25.24 万 km²，其中修建梯田 608.02 万 hm²、营造水土保持林 1263.54 万 hm²、种草 234.30 万 hm²、封禁治理 418.35 万 hm²；累计建成淤地坝 5.81 万座，其中大型坝 5858 座，中型淤地坝 1.2 万座，小型淤地坝 4.03 万座。黄河流域水土保持率从 1990 年的 41.49%、1999 年的 46.33%，提高到 2020 年的 66.94%，其中黄土高原地区水土保持率 63.44%。自 1999 年退耕还林还草政策实施以来，黄土高原的植被覆盖率显著增加，从 1999 年的 31.6%提高到 2017 年的约 65%，有效遏制了黄土高原水土流失。目前黄河利津水文站观测入黄河泥沙已减至每年 2 亿 t 以下，接近无人类活动干扰时期。

　　3）成渝平原山地过渡带中原真度地理大区

　　该区域位于西南地区，西部和北部被大雪山山脉和大巴山山脉所包围，南部则邻近云南省，总面积为 18.51 万 km²。该区域主要位于长江流域，其地貌特征主要是平坦的盆地和平原地带，海拔较低，部分地区有一些丘陵和小山脉，但整体地形较为平缓。气候类型为亚热带季风气候，年均降水量约 1050 mm。土壤类型多样，包括黄壤、红壤和水稻土等，土壤肥沃，尤其适合水稻、小麦、玉米等农作物的种植。根据赵松乔版的中国自然地理综合区划方案，该区划主体属于中亚热带四川盆地常绿阔叶林区。

　　经测算，自 20 世纪 80 年代以来，该区域八个原真性指标中，原真性等级为高的有空气质量指数、土壤有机碳含量、类型稳定度、湖泊透明度、净初级生产力、类型转移指数，原真性等级为中的有景观破碎度，原真性等级为低的有河流连通度。作为长江上游生态屏障的重要组成部分，影响该区域原真性等级的突出问题是生态系统脆弱，生态功能退化趋势尚未根本遏制，地震、泥石流等自然灾害易发频发，水土流失、石漠化等问题突出。此外，重庆、四川两地水系联系紧密，跨界河流众多，存在部分跨界断面水质超标、跨界河流协同监测监管能力薄弱、跨界流域横向生态保护补偿机制尚未完全建立等问题，三峡库区一级支流部分河段还存在富营养化现象，长江上游生态环境联保共治有待加强。

成渝平原山地过渡带中原真度地理大区内部包含了两个二级区划单元（表 7-17），其中成都平原的原真性等级为中，而重庆地区原真性等级为中高。两个二级区的指标得分具有较高的一致性，如空气质量指数、类型稳定度、湖泊透明度、净初级生产力的得分基本一致，且总体得分较高（图 7-17）。原真地理特征得分较低的集中在河流连通度和景观破碎度。两个二级区划中原真性得分较低的指标都有河流连通度，其主要原因是该地区城镇化进程不断加快，对水资源的需求日益增长，以提水工程和中小蓄水工程为主的水源状况已难以保障用水需求，水资源配置能力不足的矛盾也日益凸显。此外，该地区位于长江上游，夏季降雨较多，容易造成洪涝灾害。因此，该区域内修筑大量水库，造成了河流的自由连通性被破坏，也对该地区的原真性产生了显著影响。

表 7-17　成渝平原山地过渡带中原真度地理大区各二级区划单元信息

二级区划名称	主要城市	面积/万 km²
成都平原中原真度地理区 IX₁	成都市、自贡市、乐山市	8.06
重庆中高原真度地理区 IX₂	重庆市、南充市、达州市	10.45

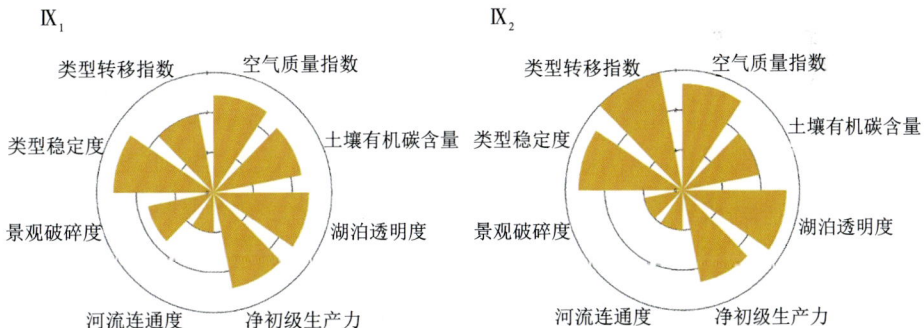

图 7-17　成渝平原山地过渡带中原真度地理大区二级单元分布及原真性指标得分

成渝地区位于长江上游，是长江经济带高质量发展的生态屏障和水源涵养地，肩负着维护中国生态安全格局的重要使命。该区域近些年为落实长江上游生态环境保护任务，着力实施了天然林保护、退耕还林、增建自然保护区、加强工业污染治理、大力进行城乡环境综合整治、根治水污染等。自西部大开发以来，川渝两地累计还林还草 6000 多万亩，使流入长江干流泥沙量减少了 50% 以上，初步构建起长江上游生态屏障。此外，党的十八大以来，成渝地区坚持共抓大保护、不搞大开发，围绕建设天蓝地绿水清的生态环境，努力打好"三大攻坚战"。党的十八大以来，四川仅实施天然林资源保护工程，森林面积就增加了 1 亿亩，水土流失进一步减少；川渝 22 条跨界河流实现治理"一盘棋"，出境断面水质保持在III类及以上，国家考核断面水质优良率达 100%，"还一江清水"和守护"一江碧水"的目标实现；创建国家生态文明建设示范区县 19 个，长江上游生态屏障功能进一步强化。

4）塔里木盆地中原真度地理大区

该区域位于中国的新疆地区，是中国最大的内陆盆地，位于天山山脉和昆仑山脉之间。主要包括巴音郭楞蒙古自治州、和田地区、阿克苏地区、喀什地区等，总面积为 98.37 万 km^2。地貌特征呈环状分布，边缘是与山地连接的砾石戈壁，中心是辽阔沙漠，边缘和沙漠间是冲积扇和冲积平原，并有绿洲分布。塔里木河以南是塔克拉玛干沙漠，面积 33.7 万 km^2，占新疆面积的 20%，占中国沙漠和戈壁总面积的 26%，是中国最大沙漠，也是居世界第 2 位的流动沙漠。气候类型属于暖温带气候，年均降水量约 200 mm。盆地沿天山南麓和昆仑山北麓，主要是棕色荒漠土、龟裂性土和残余盐土，昆仑山和阿尔金山北麓则以石膏盐磐棕色荒漠土为主。沿塔里木河和大河下游两岸的冲积平原上，主要是草甸土和胡杨林土。根据赵松乔版的中国自然地理综合区划方案，该区划主体属于塔里木盆地暖温带荒漠区。

经测算，20 世纪 80 年代以来该区域八个原真性指标中，原真性等级为高的有景观破碎度、类型转移指数，原真性等级为中的有河流连通度、湖泊透明度、空气质量指数、类型稳定度，原真性等级为差的有净初级生产力、土壤有机碳含量。作为中国最大的内陆盆地，影响该区域原真性等级的突出问题是水资源短缺与土地沙漠化和盐碱化。塔里木盆地地区降水有限，而且大部分河流都是内流，没有出海口，因此水资源相对匮乏。这导致了城市供水、农业灌溉和生态系统的水资源紧缺问题。盆地内的土壤容易受到沙漠化和盐碱化的影响，对农业、草地和野生动植物的生存和生态平衡造成了极大威胁。

塔里木盆地中原真度地理大区内部包含了五个二级区划单元（表 7-18），两个原真性等级为中高原真度、三个原真性等级为中等。该一级大区内各二级区的指标得分具有较高的一致性，如景观破碎度和类型转移指数的得分基本一致，且总体得分较高（图 7-18）。二级区划单元原真地理特征得分较低的集中在净初级生产力和土壤有机碳含量两个指标，其主要原因是该区域属于干旱地区，年降水量相对较少，而气温较高，这导致植被生长受限，净初级生产力较低。植被对土壤有机碳的贡献主要是通过植物残体的分解，因此植被覆盖不足会导致土壤有机碳含量较低，对该地区的原真性等级产生一定的影响。

表 7-18　塔里木盆地中原真度地理大区各二级区划单元信息

二级区划名称	主要城市	面积/万 km²
吐鲁番盆地中高原真度地理区 XVII₁	吐鲁番市	13.12
塔克拉玛干沙漠中原真度地理区 XVII₂	巴音郭楞蒙古自治州、和田地区	34.84
昆仑山脉北麓中原真度地理区 XVII₃	巴音郭楞蒙古自治州、和田地区	15.67
塔里木盆地西部中高原真度地理区 XVII₄	喀什地区、阿克苏地区	23.91
新疆西南边境中原真度地理区 XVII₅	克孜勒苏柯尔克孜自治州、喀什地区	10.83

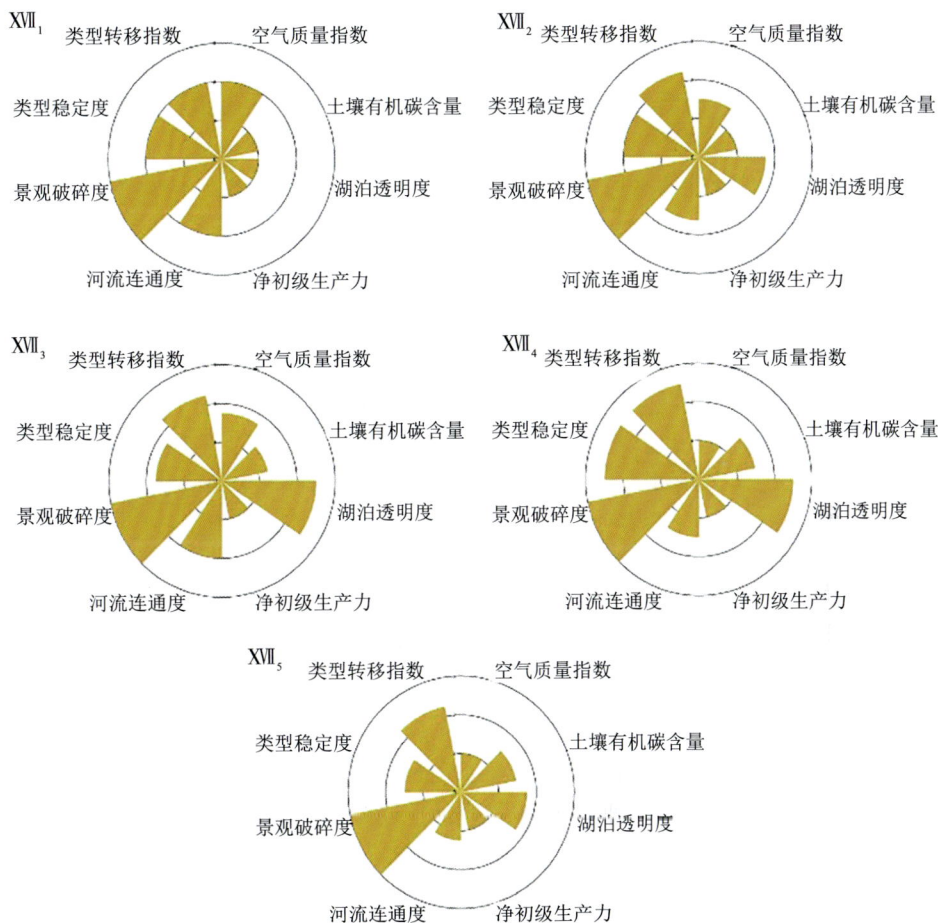

图 7-18　塔里木盆地中原真度地理大区二级单元分布及原真性指标得分

作为中国沙化土地面积较大的区域，该区域近些年为促进防沙治沙工作高质量发展开展了一系列的工作，2020 年 6 月，国家发展和改革委员会、自然资源部印发了《全国重要生态系统保护和修复重大工程总体规划（2021—2035 年）》，将塔里木河流域生态修复列入北方防沙带生态保护和修复重点工程专栏，建设内容包括"推进塔里木盆地南缘防沙治沙，强化沙化土地封禁保护。加强荒漠天然植被保护和生态公益林管护，开展退耕还林还草和土地综合整治，实施土地轮休和退地减水，建设重点区域防护林体系，对胡杨林进行特殊保护"。今后，将根据国家财力，继续加大对塔里木盆地周边防沙治沙工程的支持力度。

7.4 低原真地理特征区形成机制解析

华北平原低原真度地理大区：该区划单元北起燕山山脉，南至黄河，东临渤海，西靠太行山，总面积为 35.43 万 km^2。重要城市有北京市、天津市、济南市等。该区域北部为海河流域，南部为淮河流域，东部为黄河流域。地貌类型以平原及低山丘陵为主。气候类型为暖温带半湿润地区，年均降水量约 700 mm。该区域土壤类型包括黄淮海平原潮土、盐碱土、潮褐土等。根据赵松乔版的中国自然地理综合区划方案，该区划主体属于华北平原落叶阔叶林区。

经测算，20 世纪 80 年代以来该区域八个原真性指标中，原真性等级为高的有净初级生产力以及湖泊透明度，原真性等级为中的有空气质量指数和土壤有机碳含量以及类型稳定度，原真性等级为低的有景观破碎度、河流连通度以及类型转移指数。作为中国重要的人口聚集区和重要的粮食生产区，华北平原的生态文明建设面临诸多挑战，该区域地理原真性影响较为突出的生态环境问题主要有：风沙、旱涝以及土地盐碱化。风沙频发的原因在于华北地区距离西北沙源地较近，在干旱气候和土地退化的共同作用下，经常受到沙尘天气的袭扰，严重影响空气质量。土地盐碱化是该区域另一个突出的生态环境问题，主要原因包括气候干旱引发的盐分累积，地势平坦导致地下水中盐分渗入土壤，此外，过度开垦、过度施肥等不合理的人类活动也是造成土壤盐碱化的重要原因。

华北平原低原真度地理大区内部包含了四个二级区划单元（表 7-19），三个为低原真度地理区，一个为中原真度地理区（图 7-19）。二级区划单元原真地理特征得分较低的集中在景观破碎度和河流连通度两个指标，前者主要是由于城市化和城市扩张，大规模的基础设施建设导致了土地的碎片化和分割，对自然景观和生态用地的完整性造成了破坏。后者主要是因为该区域大规模修建水利工程如堤坝、引水渠和水闸等，对河流连通度产生影响。这些工程中断河流的自然流动路径，对景观格局、生态系统功能和生物多样性产生了负面影响。虽然各二级区划单元的总体得分均较低，但也存在部分指标得分较高的情况。例如，京津-冀北低原真度地理区的空气质量指数属于高原真度，这源于该区域在大气污染物治理方面所付出的巨大努力。

表 7-19　华北平原低原真度地理大区各二级区划单元信息

二级区划名称	主要城市	面积/万 km²
京津-冀北低原真度地理区 Ⅳ₁	北京市、唐山市	3.38
冀中南-豫北中原真度地理区 Ⅳ₂	石家庄市、邯郸市	12.57
山东半岛低原真度地理区 Ⅳ₃	济南市、潍坊市	9.73
豫西北-淮海低原真度地理区 Ⅳ₄	郑州市、徐州市	9.75

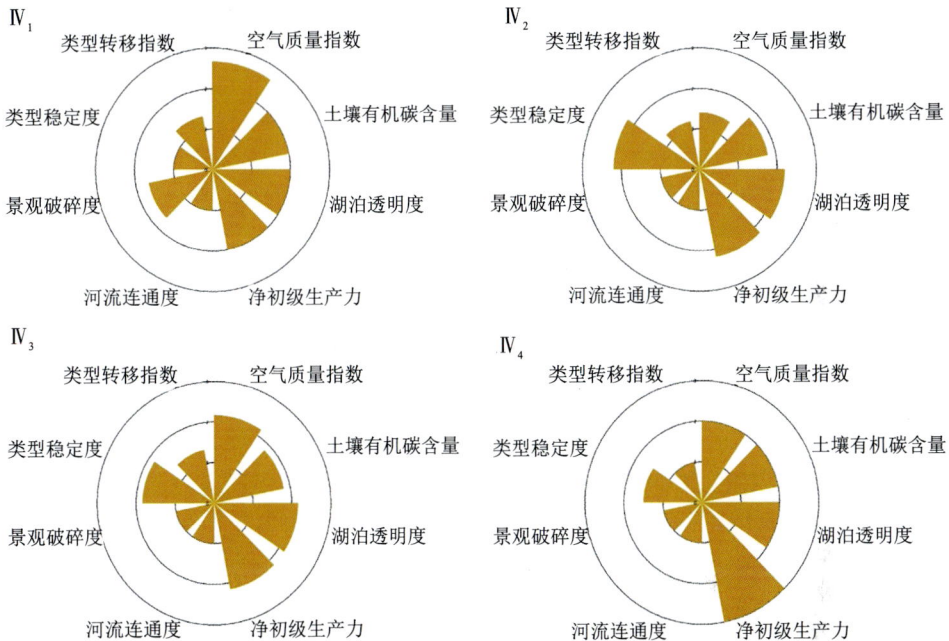

图 7-19　华北平原低原真度地理大区二级单元分布及原真性指标得分

　　近年来,华北平原在生态文明建设方面也取得了一些成绩,努力应对风沙和土地盐碱化等突出问题。其中《全国防沙治沙规划(2021—2030 年)》明确,到2030 年全国完成沙化土地治理任务 1239.82 万 hm²(1.86 亿亩),沙化土地封禁保护面积 600.00 万 hm²(9000 万亩),全国 67%的可治理沙化土地得到治理,防沙治沙将取得决定性进展。而针对土地盐碱化,习近平总书记多次作出重要指示,其中 2023 年 5 月在河北沧州黄骅考察旱碱麦种植推广及产业化情况时指出:"开展盐碱地综合利用,是一个战略问题,必须摆上重要位置。"近年来,科学技术部、中国科学院联合河北、山东、辽宁、天津启动"渤海粮仓科技示范工程",针对淡水资源匮乏、土壤盐碱化问题,重点突破"土、肥、水、种"关键技术。而在国务院 2022 年启动的第三次全国土壤普查中,将盐碱地普查作为重点内容优先实施,对全国盐碱地集中分布的重点县开展盐碱地普查。

第 8 章　原真地理特征保护实践案例与对策建议

8.1　中国大河岸线保护的原真性理念实践

8.1.1　大河岸线原真性的理论内涵

大河岸线作为水陆交互的重要生态空间，是一个由物理、化学和生物成分及其相互作用构成的复杂系统，也是长期地理变迁和生态演化背景下人与自然共同作用形成的特殊空间资源，对这样一个系统进行现状评价及变化预测是很困难的（罗跃初等，2003）。健康的大河岸线生态空间虽不一定是原始的，但必须是相对完整的，在系统结构上具备较高的稳定性和可持续性，即随时间推移保持活力并能维持其组织结构和自主性，在外界胁迫下具有较强的恢复力（Costanza et al.，1992）。近百年来水域岸线遭受人类活动剧烈干扰、自然岸线不断缩减，岸线地域空间的原真性特征遭到破坏；同时岸线在港口、工业、城镇及旅游开发的过程中也形成宝贵而特殊的资源价值，其中尤其以海岸线和大江大河岸线最为典型（Crowell et al.，2010；Samarasekara et al.，2018；Xu et al.，2015），且岸线的空间竞争、公众对滨水空间的需求、经济活力以及生物多样性保护和管控成为沿岸城市政策中日益关注的重点（Sairinen and Kumpulainen，2006）。已有关于岸线的研究大多聚焦于海岸线和城市滨水空间，而对中宏观河流流域尺度岸线的自然原真生境和人类活动干扰关注较少。

大河岸线"生态完整性"是维持大河生态系统健康的重要基础。因而，大河流域生态保护不但要保护流域内的各类生态系统，维护流域生态系统原真结构功能，同时要优化大河岸线生态空间的完整性，提升大河岸线生态系统价值，保障大河岸线生态空间的健康及其可持续利用（Crowell et al.，2010）。维持地理特征原真性和生态完整性是欧美国家普遍采用的生态系统保护管理策略，生态完整性评价已成为许多国家与地区生态系统保护的重要工作基础（燕乃玲和虞孝感，2007）。1972 年美国《清洁水法》明确提出将恢复和维持全国水体的物理、化学、生物完整性作为长期目标，并进入流域水环境综合管理阶段，强调生态完整性的整体保护（Karr，1991）。2000 年 12 月，欧盟实施《水框架指令》，建立了涵盖水文地貌、物理化学、水生生物三类要素的生态状况评价体系，并提出 2015 年河湖生态状态达到良好的目标（Hering et al.，2010）。21 世纪初，国内逐渐重视河流生态系统健康和生态完整性的研究，探讨了其概念、内涵、评价方法等（An et al.，2002；Schofield and Davies，1996；董哲仁，2005；赵彦伟和杨志峰，2005）。

当前生态修复已成为大河流域生态保护的重要途径之一，其中岸线生态修复也是大河岸线生态功能提升的重要手段。自 20 世纪 90 年代起，中国开始认识到大河岸线生态修复的重要性，2010 年以来，中国大河岸线生态修复走上了快速发展的轨道，全国范围内先后启动了岸线生态保护与修复试点，并重点推进水、岸、陆生态系统治理、协同治理（王海燕等，2008；吴钢等，2019）。总体来看，中国大河岸线生态修复也从前期的景观建设、水环境治理，正在逐步向生物多样性保护、生态系统调节、生态服务功能提升的生态完整性修复的方向转变（庞治国等，2006；王夏晖等，2018）。结合生态学理论，解析岸线生态完整性和陆域原真性内涵，认识生态系统结构、功能和动态的完整性，充分考虑生态系统的不稳定性、不确定性及其抵抗力和恢复力，对于大河岸线的生态修复有重要指导意义。在大河流域生态修复的过程中，必须充分认识、理解岸线生态空间的完整性和原真性内涵，按照完整性的要求、原真性的目标开展岸线生态保护，才能达到保护流域自然生态的目的（吴钢等，2019）。

生态完整性指生态系统支持和维持一个与区域自然生境相适应的、平衡的、综合的、适宜的生物系统的能力（Karr，1993；Schofield and Davies，1996）。首先体现在生态系统内在组成之间的依赖性，流域内有众多大大小小的自然系统，包括森林、草地、农田、河流、湖库等，这些自然系统以水循环为纽带，相互依赖、相互作用、相互影响，形成一个完整的流域生态系统（吴刚和蔡庆华，1998）。其次体现在生态系统多要素结合的功能统一性，即任何一个生态系统都是多要素结合而成的统一体，各要素按照一定规律组织起来就具有了综合性的功能，各个要素的变化会对系统整体功能发生作用。再者，还体现了生态系统自然特性的最佳状态。整个流域是一个水陆相互结合、相互作用的大系统，其不同层次系统动态和演替对流域生态系统产生影响，影响着整个流域的状态，其子系统关系的优化程度是生态完整性的重要表征（邓红兵等，1998）。另外，生态完整性也是动态变化的，生态系统各组分之间的相互作用，使生态系统不断变化和发展，不断从一种平衡状态转变为另一种平衡状态，体现了一种动态的平衡性。

岸线是水陆边界一定范围内的带状区域，是水体和陆地的接壤地带。受水陆双重作用影响，岸线生态系统敏感脆弱，在高人口密度、高强度开发利用以及早期淡薄的生态环境保护意识等压力下，中国许多地区岸线资源迅速萎缩，生态环境恶化，自然灾害频发，生态系统功能严重衰退，直接影响流域生态系统健康（陈维肖等，2019；段学军等，2020a；段学军等，2019）。岸线有不同类型，作为水陆交错区，其具有物种丰富性和功能特殊性，多变的河道形态与湿生植被的发育可有效起到滞缓径流、截留和净化污染物、调控区域内水循环等作用，可为鱼类、爬行类、两栖类及鸟类提供栖息生境，对于维持生物多样性具有重要意义（段学军等，2020a）。同时，岸线也是干湿交替、水缓水急、水深水浅的重要缓冲过渡地带，具有保护堤岸防洪安全、水土保持、减缓近岸流速、消浪、净化水质、亲水空间、自然景观等综合功能，江河湖泊自然岸线是极端水情的重要缓冲带。因此，大河岸线作为流域的一个功能单元，其存在方式、目标和功能都表现出统一的整体性。

陆域生态原真性是大河岸线生态完整性的主要特征和组成部分（图 8-1）。自然条件下，岸线陆向一定范围是由乔灌草等相结合组成的立体植被带，是保护河流生态系统的重要缓冲带和天然屏障，具有拦截面源污染、净化水质、稳固河岸、维持物种多样性等生态功能（侯利萍等，2012），是大河岸线生态系统的重要载体（邓红兵等，2001）。当岸线范围内的陆地出现过度开发，如港口码头、工业发展、农田开垦和城市扩张，会导致生态缓冲带功能严重衰退，破坏大河岸线生态完整性。因此，在对岸线陆域范围原真性进行评估时，需重视陆域缓冲带的独特性、复杂性和动态性（郭怀成等，2007）。

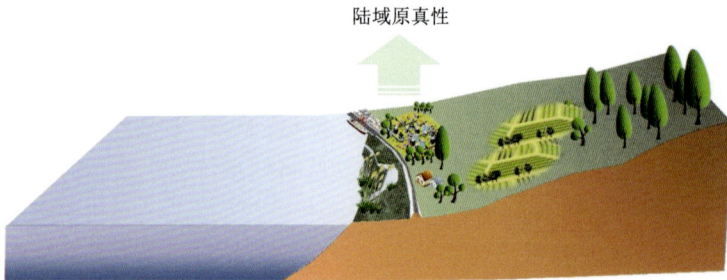

图 8-1　大河岸线陆域原真性内涵示意图

8.1.2　评估方法和数据来源

根据大河岸线完整性和陆域原真性的内涵，结合长江岸线生态保护修复的现实需求，从滨岸土地利用开发强度、景观多样性指数、自然岸线保有率三个维度，遴选表征指标，建立大河岸线陆域原真性评估指标体系，基于遥感解译、野外调查、资料收集等手段获取评价数据，开展评价分析，提出保护对策建议。

1）指标体系构建

陆域原真性可以利用滨岸土地利用开发情况、陆域景观多样性保护情况以及岸线的自然状态等方面来表征（表 8-1），权重分配采用专家打分法。

表 8-1　大河岸线陆域原真性评估指标体系

目标层	指标层	指标说明	计算方法	期望值、临界值设定依据
陆域原真性	滨岸土地利用开发强度（0.32）	陆域 1 km 范围内建设用地占比	建设用地面积/总面积（岸线后方陆域 1 km 范围内）	5%、95%分位数
	景观多样性指数（0.36）	陆域 1 km 范围内景观类型香农多样性指数	$$LDI = -\sum_{i=1}^{n}\left(P_i \ln P_i\right)$$ 式中，LDI 为景观多样性指数；n 为景观类型数量；P_i 为景观类型 i 所占面积比例	95%、5%分位数
	自然岸线保有率（0.32）	自然岸线长度占比	自然交互和小幅干扰两类岸线长度/岸线总长度（自然交互和小幅干扰两类岸线分类见《长江经济带岸线资源分类分级技术规范》）	95%、5%分位数

不同指标存在量纲差异，需进行归一化。根据指标对压力的响应特征，分为正向指标和反向指标，分别进行归一化。其中：

正向指标，对随压力增强而增大的指标，归一化公式为

$$F_i = \frac{临界值 - 指标值}{临界值 - 期望值} \times 100 \tag{8-1}$$

反向指标，对随压力增强而减小的指标，归一化公式为

$$F_i = \frac{指标值 - 临界值}{期望值 - 临界值} \times 100 \tag{8-2}$$

若归一化结果处于 0～100，则该结果即为该指标得分；若该指标小于 0，记为 0；大于 100，记为 100，各指标最终得分处于 0～100。

期望值、临界值的确定是指标归一化的基础，本书中各指标的确定主要采用以下方法：空间参照状态法，通过野外调查、遥感解译获取指标值，基于统计学方法，计算参数的 5%分位数（正向参数）或 95%分位数（反向参数）确定期望值，类似地，以参数的 5%分位数（反向参数）或 95%分位数（正向参数）作为临界值。

陆域原真性综合评估得分采用式（8-3）计算。按地级市分段计算长江岸线陆域原真性综合得分，得分结果介于 0～100 数值区间，并分为"优""良""中""一般""差"共五个等级（表 8-2）。

$$W_n = \sum_{i=1}^{m} (c_i F_i) \tag{8-3}$$

式中，W_n 为陆域原真性评估得分；F_i 为第 i 项指标计算分值；c_i 为第 i 项指标权重；m 为指标数量。

表 8-2　大河岸线陆域原真性得分等级划分

综合得分	[90, 100]	[75, 90)	[60, 75)	[40, 60)	[0, 40)
原真性等级	优	良	中	一般	差

2）评价数据获取

长江是中国第一大河流，其干流从四川宜宾三江口至入海口岸线总长 7897 km，是长江全河段利用程度高、人类活动强度大、岸线陆域原真性受影响最突出的区段。本书以四川宜宾以下长江干流岸线为对象开展评价，基于 Landsat 遥感影像，获取陆域 1 km 范围土地利用、景观多样性等评价数据。岸线资源开发利用状况采用哨兵卫星影像、Google 遥感影像数据解译和实地调查结合获取，岸线资源类型划分为自然岸线（自然交互岸线和小幅干扰岸线）和人工岸线（港口码头岸线、工业岸线、城镇生活岸线和其他人工岸线）（段学军等，2020b）。此外，从宜宾至长江口开展了实地调查，为定量评估提供遥感验证与野外实地考察的认识。

8.1.3　长江岸线陆域原真性评估结果分析

1）单项评价

从陆域原真性各项指标来看，各区段岸线陆域 1 km 范围内土地开发强度呈现明显的空间分异，南京以下岸段整体建设用地占比超过 40%，这与江苏早期启动的沿江开发战略和港口产业临江布局有关（图 8-2）。中上游地区，除武汉、九江、铜陵相对较高外，开发强度一般低于 20%，特别是恩施和咸宁在 10% 以下，表明这些地区的长江岸线受人类活动干扰相对更小。

陆域 1 km 范围内景观多样性指数介于 0.17~0.60，均值为 0.37，总体呈现出从上游至下游逐渐降低的趋势，铜陵以上江段景观多样性均高于 0.3，均值为 0.45，显著高于铜陵以下江段（均值为 0.26）。

自然岸线保有率在荆州—咸宁、安庆—马鞍山两个江段相对较高，特别是咸宁段更是高达 86.6%，上述区段岸线开发主要受自然保护区的约束，保护了岸线的自然程度。总体来看，武汉、南京等区域中心城市城镇生活岸线开发强度高，自然岸线保有率降低，无锡更是低至 4.55%。

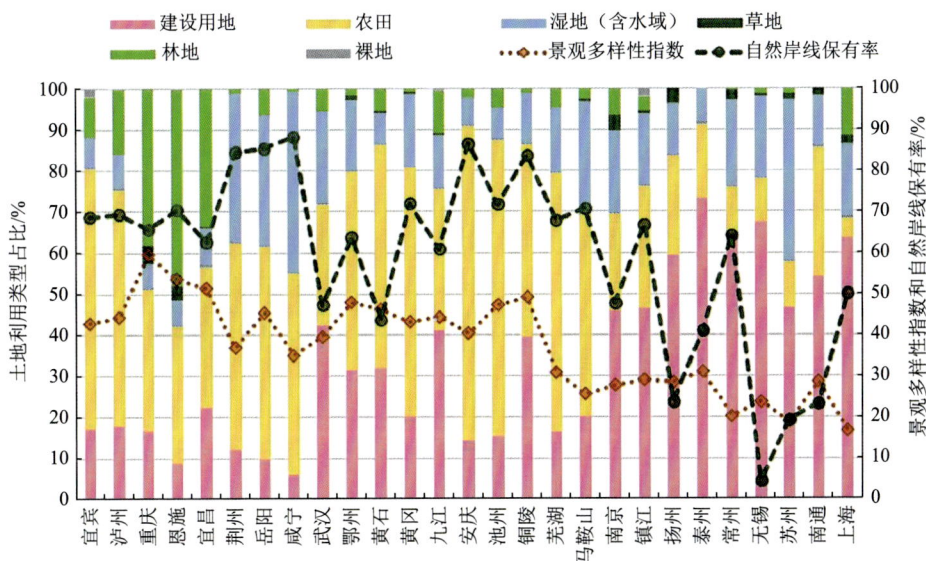

图 8-2　陆域 1 km 范围建设用地占比和自然岸线保有率

2）综合评价

陆域原真性状况既能反映长江岸线开发利用的新趋势，也能反映长江岸线生态修复成效。近年来长江干流沿江各地区大力推进岸线整治修复，岸线陆域生态改善明显，自然岸线保有率稳步提高。但是也明显看到，各地区在岸线生态修复的成效和陆域原真性保持上存在不平衡问题，各区段间岸线陆域原真性差距明显。

根据长江干流岸线陆域原真性综合评价结果（图 8-3），长江岸线陆域原真性平均得分为 66，参考评价等级为"中"。从不同区段来看，上游、中游、下游及长江口长江岸线陆域原真性平均得分呈现逐步降低的特征，反映了长江岸线陆域人类活动干扰从上游至下游逐步增强的规律。上游长江岸线陆域原真性平均得分为 84 分，等级为"良"；中游长江岸线陆域原真性平均得分为 76 分，等级为"中"；下游和长江口长江岸线陆域原真性平均得分分别为 59 分和 40 分，等级皆为"一般"。

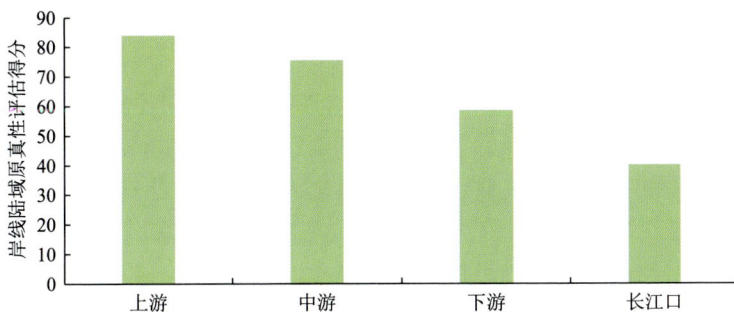

图 8-3　不同区段长江岸线陆域原真性综合得分

　　从各地级市岸线陆域原真性得分来看,滨江 26 个地级市中评价得分从上游至下游总体呈现降低的趋势（图 8-4）。岳阳段岸线陆域原真性得分最高，为 91.6 分；无锡段岸线陆域原真性得分最低，为 25.4 分。其中，1 个岸段陆域原真性处于"优"的等级，占比 3.84%，为岳阳段；11 个岸段陆域原真性处于"良"的等级，占比 42.31%，分别为恩施、咸宁、安庆、荆州、重庆、池州、铜陵、黄冈、泸州、宜宾和宜昌；6 个岸段陆域原真性处于"中"的等级，占比 23.08%，分别为鄂州、芜湖、马鞍山、九江、镇江和黄石；3 个岸段陆域原真性处于"一般"的等级，占比 11.54%，分别为武汉、南京和常州；5 个岸段陆域原真性处于"差"的等级，占比 19.23 %，分别为南通、苏州、扬州、泰州和无锡。

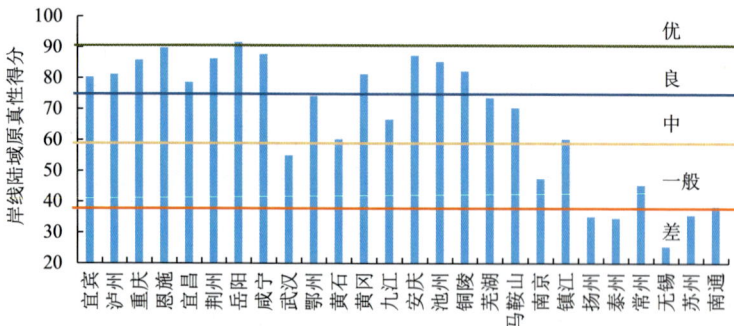

图 8-4　各城市长江岸线陆域原真性综合得分

　　综合评估结果体现了自然环境、地理区位、城镇发展、管控政策等对长江岸线陆域原真性的综合影响。整体上中上游岸线陆域原真性较好，不仅得益于地形地貌等自然环境因素，也因地理区位相对较差、城镇发展和港口工业建设相对缓慢，对岸线陆域的利用需求和开发利用程度相对较低。荆州—咸宁段岸线陆域原真性相对较好，这一江段自古以来受到水文条件和洪水的影响，同时沿岸分布大量蓄滞洪区，岸线开发利用程度不高、沿岸开发利用活动相对少，对陆域原真性的保存相对较好；此外，另外一个原真性得分峰值区域位于安庆—铜陵段，该江段江心洲滩湿地发育丰富，分布较多豚类自然保护区和水产种质资源保护区，进一步限制了沿岸的开发利用活动，共同保护了这一江段的岸线陆域原真性。下游地区扬州—无锡段是岸线陆域原真性较差的江段，这一江段岸线开发利用强度大、密度高，由于这一段通航条件好、沿岸经济发达，对岸线陆域空间利用需求大，开发建设了大量港口和临岸工业园区特别是化工园区，对原真性进行了高强度的破坏。因此，长江岸线陆域原真性综合体现了这一特殊水陆交互地带自然环境本底和人类活动对地理原真性的干扰程度。

8.2　中国原真地理特征保护的对策建议

原真地理意味着对地球自然生态环境的尊重和保护。中国有着丰富多样的地理单元和生态系统,包括高山、沙漠、森林、草原、湖泊湿地等。这些自然地域系统为人类提供了丰富的资源和美丽的景观,同时也维持着生态平衡。然而,随着人类活动和气候变化影响的加剧,许多地理景观和生态系统正面临着严重的威胁。因此,我们需要通过原真地理特征演变规律和形成机制及区划研究,了解地理系统的运作机制,从而制定出合理的保护措施,确保原真地理特征与生态环境的可持续保护与发展。中国不同地区都有其独特的地理环境和人文背景,我们需要通过掌握不同地区的地理景观特征和资源环境禀赋以开展合适的开发利用,例如,水资源的合理利用、土地资源的保护和利用、气候变化等问题,为人类的未来发展提供宝贵的经验和启示。针对中国原真地理特征保护,具体有以下建议。

1)践行国家生态文明建设绿色发展理念,构建原真地理特征保护机制

中国提出了建设生态文明的理念,并将其纳入国家发展战略。生态文明建设旨在推动经济发展与环境保护的协调发展,通过改善环境质量和促进可持续发展,实现生态环境的良性循环。制度才能管根本、管长远。我们亟须践行"保护生态环境就是保护生产力、改善生态环境就是发展生产力"的新理念,坚持尊重自然、顺应自然、保护优先和自然恢复为主的方针,构建起全国尺度的地理特征原真性保护的长效机制。

具体包括:① 体现"山水林田湖草沙"是一个生命共同体的理念,根据中国地质地貌、山水格局、生态区位、生物多样性特征及地理特征原真性等级进行空间布局,依据中国原真地理特征区划方案科学布局和分类,逐步设置原真地理特征的不同等级保护地体系,形成自然生态系统保护的新体制新模式,促进生态环境治理体系和治理能力现代化,从而有效地解决保护自然和利用自然的矛盾关系;② 构建起以国家公园为主体的自然保护地体系的制度是关键,突出国家公园的主体和引领作用,对现有自然保护区、风景名胜区、文化自然遗产、地质公园、森林公园等,按照功能定位进行科学分类、布防和布控,逐步建立支撑国家生态安全和美丽中国的自然保护地大格局;③ 以生态价值观念为准则,以产业生态化和生态产业化为主体,以改善地理特征原真性和生态系统完整性为核心,加快建立健全生态文化体系、生态经济体系、生态文明制度体系、生态安全体系;④ 根据资源-生态-环境承载力编制国家与地区国民经济和社会发展规划、区域发展战略、产业布局与城市规划,形成与生态承载力相适应的生产生活方式,从源头上扭转生态环境恶化的趋势;⑤ 充分利用城镇化和工业化带来的人口转移机遇,调整农

村土地流转政策、农牧业产业化发展政策和生态保护投入分配政策等，降低农牧区人口对生态系统的经济依赖性，促进生态保护与恢复。

2）加快推进国家公园建设进程，构建统一规范高效的自然保护地体系，加强对中国高原真度的地理特征实施高质量保护

国家公园是指国家层面为了保护一个或多个典型生态系统的原真性和完整性，为生态保护、科学研究、环境教育以及大众游憩而划定的特定自然区域，它具有自然或文化状况的天然原始性、资源的珍稀独特性、景观的观赏游憩性等基本特征。1832 年，美国的乔治·卡特琳提出以国家公园的方式保护和合理使用珍稀生态系统，该建议直到 40 年后随着黄石国家公园设立才得以实现。其后，日本、德国等其他国家也纷纷建立国家公园，目前全世界已设立了 6000 余处国家公园，为保护自然与人文环境、合理处理生态环境保护与资源开发利用的关系起到了不可替代的作用。

在中国，建立起国家公园为主体的自然地保护模式是生态文明建设的重要组成部分，也可将具有国家意义的原真自然文化遗产保护与地方发展有机结合起来。具体建议包括：①国家公园在中国自然保护地体系中的主体功能是从全局性和战略方向上履行国家生态安全主体职能，其空间布局应该立足于中国生态安全大格局中的自然生态系统原真性、生物多样性完整性保护，具有国际影响力的生态系统旗舰物种和标志性物种及其栖息地保护，能够体现国家代表性、民间认同度高的自然文化遗产保护，以及大江大河流域水源涵养保护等；②中国的国家公园体制目前尚处于起步阶段，应参照国际经验并结合国情，制定国家公园的设立标准，根据标准对拟设立的国家公园进行统一评价和认定，使得中国高原真度地理特征/区域和珍稀生态系统能够得到及时有效的保护；③当前与国家公园相关的有国家地质公园、国家森林公园、国家湿地公园、国家风景名胜区、世界自然文化遗产等，涉及相关部委达十多个，可谓"九龙治水、群龙无首"，管理权限过于分散，导致建设力量无法集中、改革措施碎片化、整体性和系统性欠缺，亟须整合由部门管理的各类公园，建立国家公园体系和分类科学、保护有力的自然保护地体系；④对于未来国家公园的建设，从国家层面做好顶层设计，以保护生态系统的原真性、完整性和生物多样性作为首先目标，进一步摸清中国地理条件禀赋和自然资源底数，按国土空间管理的不同要求严格实行分类分区分级管控，将该保护的地方尽可能地保护好，建立起完备的、可考核、可评价的原真地理特征监测体系，还可以考虑与乡村振兴、文化品牌建设结合起来，推进中国原真地理特征的高质量保护和维系。

3）以水系为纽带，分流域梳理地理特征原真性破坏的"疑难重症"，推进区域综合管理和生态文明建设

针对中国不同区域和流域各自突出的原真地理特征破坏问题和生态环境恶化

局面，综合协调资源环境承载力、产业布局、城镇化格局和生态环境保护等方面的关系，推进综合管理和高质量保护。基于中国水陆空间演变的基本特征，将中国分为东北地区、黄淮海地区、长江中下游地区、东南沿海地区、西南地区和西北地区六大区域，针对不同分区存在的突出问题做出相应的保护对策。

　　具体包括：① 东北地区是中国重要的商品粮基地、老工业基地、牧业基地和林业基地，是中国水域空间被侵占最严重的地区之一。伴随着水域空间面积的减少，逐步形成"湿地孤岛"效应，河湖湿地内生态需水得不到保障，水域空间的洪水调蓄功能和生态维持功能明显退化。因此应从湿地生境维护、退耕还河还湖等方面采取措施，逐步恢复天然水域空间。② 黄淮海地区是中国水资源最为短缺，但人口和产业密度却高度集中的区域。为应对区域内生产生活用水需求的不断提升，人工水域空间面积增加，水域空间本底条件改变最显著，地理景观破碎度高，且部分改变已不可逆转。保护黄淮海地区水域生态系统的主要任务是划定水域空间边界范围并进行严格管控：一是统筹黄淮海地区防洪安全、国土空间开发利用与生态保护要求，严格执行水域空间管控方案；二是加强重点区域河湖库水域空间保护，严禁不合理开发和开垦，对受损严重的栖息地实施修复、替代生境保护、生态护岸改建、河湖连通等工程。③ 长江中下游地区原有上百个通江湖泊，目前仅洞庭湖、鄱阳湖、石臼湖等少数湖泊与长江干流自然连通，生物多样性锐减，需要大力加强通水系自然连通，重塑水域空间廊道功能；进一步巩固长江大保护战略实施以来岸线腾退成果，实施重要非城市江段岸线复绿、生态修复和景观优化工程，保护长江地区鱼类洄游通道和鸟类栖息地。④ 东南沿海地区的水资源大多以河流和水库的形式分布。该区域人口和产业高度集中于下游河口地带，并逐步形成了粤港澳、厦漳泉、杭绍甬等城市圈。为保障区域水生态安全，促进可持续发展，建议采取以下措施，一是实施水库优化调度，合理调配水资源；二是划定水域空间缓冲区，为水生态系统提供必要的缓冲空间；三是在河口岸线开展生态保护工作，维护河口生态系统的稳定。同时，在城镇集中区域明确划定开发边界和生态保护红线，引导产业结构调整与升级转型，以增强区域水生态安全保障的韧性。此外，还应积极开展河口洲滩湿地以及海岸带的生态保护与修复工作，逐步恢复河口水域空间面积，提升其生态服务功能。⑤ 西南地区的大型水利水电工程影响了河流自然生境，需要站在维持水域生态系统健康的角度，推动水电绿色可持续发展，重点保护珍稀鱼类栖息地，实施栖息地修复工程，建立以水域空间生态恢复为基准的补偿机制。⑥ 西北地区气候干旱、水资源匮乏、水域空间本底条件薄弱，经济发展用水严重挤占生态环境用水，导致植被退化和土地沙化，尾闾湖泊消亡，生态环境不断恶化，需加强尾闾湖泊的保护治理和生态修复，通过产业结构调整、强化节水、退耕还草、生态移民、控制耕地面积、提高用水效率等措施维持生态系统健康稳定。

4）统筹保护与恢复工程，促进低原真度地理特征区生态修复和自然恢复

在"美丽中国"生态文明建设的时代背景下，高原真度的地理特征是对"美丽中国"中美的高度抽象和凝练，是生态文明建设中应该予以优先考虑、积极保护、合理利用的地理要素。与此同时，低原真度的地理特征区不意味着被放弃、不被保护，我们仍需要对其进行合理管理和价值提升，统筹制订国家生态保护与建设方案，以增强其生态系统服务功能。生态保护与管理要以增强生态系统服务功能、提高生态系统提供产品和服务能力为目标，坚持保护优先、自然恢复为主的方针，坚持保护中开发、开发中保护的原则，具体建议包括：以中国原真地理特征区划为本底参照，以国家重要生态功能区与生态安全屏障区为重点对象，以增强生态系统服务能力为目标，编制统一的国家低原真度地理特征区保护与建设规划，统筹区域重大保护与恢复工程；发挥中央与地方的两个积极性，促进生态功能受益方和提供方的合作，促进生态保护与建设资金的多元化，推进中东部地区重大生态保护与修复工程，加强中国东南部和南水北调工程重要水源涵养区、生物多样性保护优先区的生态恢复；坚持自然恢复为主、人工修复为辅的原则，对生态功能退化的地理特征区进行修复和综合整治，采取地形地貌修复、土地整治、水污染防治、自然湿地岸线维护、河湖水系连通、退耕还湿、植被恢复、野生动物栖息地恢复、拆除围网、生态移民等手段，逐步恢复受损生态系统功能，维持生态系统健康并提升地理特征区原真性；在重大生态建设工程区应大力发展基础教育和职业教育，以教育移民带动生态移民，减少重点生态保护地区的人口压力，降低当地农牧民对生态系统的利用和经济依赖性；建立生态资产与生态系统生产总值核算机制，把生态资产、生态损害和生态效益纳入经济社会发展评价体系，形成体现生态保护要求的目标体系、考核办法和奖惩机制，建立国家统一的生态补偿机制，推动生态服务功能提供者与受益者的互惠合作，以及生态保护的市场化机制。

5）增强科技支撑，加强公众参与和教育力度，建立地理特征原真性评价和维系的长效机制

深入贯彻落实习近平生态文明思想，锚定新目标、新标准、新要求，坚持科技赋能、高水平保护策略。首先，需要加大国家高原真度地理特征保护与受损生态系统恢复方面的科技投入，提升科技支撑能力建设水平。构建国家地理特征原真性评价体系，形成"天-空-地-岸-水"一体化调查网络，定期开展中国性地理特征原真性变化和生态状况的调查评估工作，为国家制定规划和政府考核提供基础数据。其次，以国家公园建设为契机，优化现有自然保护地管理和气候变化应对相关的政策法规和技术标准，整合中国自然保护地网络，建立中国高原真度地理特征区应对气候变化的响应监测、风险预测预警预案等三类技术体系，结合气候变化风险来源和作用对象的差异性，统筹优化中国高原真度地理特征区空间格局、

生物廊道和保护区群建设，提高原真地理特征应对极端气候事件的恢复力。再次，充分利用网络、电视、广播，以及新媒体等媒介，将原真地理特征的功能及其重要价值进行大力宣传，引起广大群众的重视，大力拓展社会公众接受环保科普和环境体验的渠道和平台，营造生态文明建设良好氛围，夯实生态文明细胞，让全社会各方面都积极自觉地参与到生态文明建设中来，不断提高全社会的生态意识和素质，形成全民保护的良性态势。最后，以生态经济学原理及可持续发展理论为依据，针对高原真度地理区制定严格科学的生态旅游规划，对生态旅游景区应合理进行功能分区，如划为原生态核心区、缓冲区和旅游接触区、生活服务区，减轻对景区生态环境压力和避免对原真性的破坏，使生态旅游真正成为人与自然和谐统一的高尚体验。

参 考 文 献

白永飞，赵玉金，王扬，等.2020. 中国北方草地生态系统服务评估和功能区划助力生态安全屏障建设[J]. 中国科学院院刊，35：675-689.

曹丽娟.2004. 关于保护历史园林遗产的真实性[J]. 中国园林，20：26-28.

曹盼，肖云，周晨.2018.原真性视角下的苏州古典园林景观维护探究[J]. 中国园林，34（5）：44-47.

曹易，翟辉.2015. 文物建筑恢复重建真实性的再思：以独克宗古城灾后重建为例[J]. 华中建筑，33（9）：128-132.

陈灿龙.2012. 古典园林保护——原真性原则[C]. 上海：2012 国际风景园林师联合会（IFLA）亚太区会议暨中国风景园林学会 2012 年会，3.

陈发虎，谢亭亭，杨钰杰，等.2023. 我国西北干旱区"暖湿化"问题及其未来趋势讨论[J]. 中国科学：地球科学，53：1246-1262.

陈浩铭.2017. 逢源大街—荔湾湖历史文化街区原真性保护与活化利用研究[D]. 广州：仲恺农业工程学院.

陈沛照.2014. 主体性缺失：当前非物质文化遗产保护省思[J]. 广西民族大学学报（哲学社会科学版），36（6）：87-92.

陈鹏飞.2019. 北纬 18°以北中国陆地生态系统逐月净初级生产力 1 公里栅格数据集（1985—2015）[J]. 全球变化数据学报（中英文），3（1）：34-41.

陈维肖，段学军，邹辉.2019. 大河流域岸线生态保护与治理国际经验借鉴：以莱茵河为例[J]. 长江流域资源与环境，28（11）：2786-2792.

陈文玲，苏勤.2012. 近十五年来真实性在国内外旅游中的研究对比[J]. 人文地理，27（3）：118-124.

陈咸吉.1982. 中国气候区划新探[J]. 气象学报，1：35-48.

陈享尔，蔡建明.2012. 文化遗产原真性与旅游开发研究综述[J]. 工程研究——跨学科视野中的工程，4：39-48.

陈勇.2005. 遗产旅游与遗产原真性：概念分析与理论引介[J]. 桂林旅游高等专科学校学报，16（4）：21-24.

程磊磊，却晓娥，杨柳，等.2020. 中国荒漠生态系统：功能提升、服务增效[J]. 中国科学院院刊，35（6）：690-698.

程维明，周成虎，李炳元，等.2019. 中国地貌区划理论与分区体系研究[J]. 地理学报，74（5）：839-856.

褚琦.2008. 成都洛带民俗旅游资源的原真性开发策略研究[D]. 成都：西南交通大学.

戴永明.2012. 基于游客感知的古村落真实性研究[D]. 杭州：浙江大学.

邓红兵，王青春，王庆礼，等.2001. 河岸植被缓冲带与河岸带管理[J]. 应用生态学报，12（6）：

951-954.

邓红兵, 王庆礼, 蔡庆华. 1998. 流域生态学——新学科、新思想、新途径[J]. 应用生态学报, 9: 443.

董哲仁. 2005. 河流健康的内涵[J]. 中国水利, 4: 15-18.

段连强, 刘风华, 苏永军, 等. 2020. 中国东部季风区降水 $\delta^{18}O$ 与 ENSO 事件的关系[J]. 灌溉排水学报, 39: 138-144.

段学军, 王晓龙, 邹辉, 等. 2020a. 长江经济带岸线资源调查与评估研究[J]. 地理科学, 40(1): 22-31.

段学军, 邹辉, 陈维肖, 等. 2019. 岸线资源评估, 空间管控分区的理论与方法——以长江岸线资源为例[J]. 自然资源学报, 34: 2209-2222.

段学军, 邹辉, 王晓龙. 2020b. 长江经济带岸线资源保护与科学利用[J]. 中国科学院院刊, 35: 970-976.

范今朝, 张锦玲, 刘盈军. 2009. 行政区划的调整与遗产"原真性"的保护: 以遗产(地)所在政区的更名对区域遗产保护的负面影响为例[J]. 经济地理, 29(9): 1558-1563.

冯淑华, 沙润. 2007. 游客对古村落旅游的"真实感—满意度"测评模型初探[J]. 人文地理, 22: 85-89.

傅伯杰, 刘国华, 陈利顶, 等. 2001. 中国生态区划方案[J]. 生态学报, 21(1): 1-6.

高科. 2010. 文化遗产旅游原真性的多维度思考[J]. 旅游研究, 2: 14-19.

龚子同. 1989. 中国土壤分类四十年[J]. 土壤学报, 26: 217-225.

郭怀成, 黄凯, 刘永, 等. 2007. 河岸带生态系统管理研究概念框架及其关键问题[J]. 地理研究, 26(4): 789-798.

韩成艳. 2011. 论非物质文化遗产"本真性"的评估标准: 以赫哲族"伊玛堪"为例[J]. 贵州民族研究, 32(2): 52-57.

何汶, 吴凡, 吴薇薇, 等. 2017. 从自发建造历程理解乡土建筑的"原真性"[J]. 城市建筑, (17): 21-23.

洪屿. 2012. 番禺沙湾古镇的历史原真性保护[D]. 广州: 华南理工大学.

侯利萍, 何萍, 钱金平, 等. 2012. 河岸缓冲带宽度确定方法研究综述[J]. 湿地科学, 10(4): 500-506.

黄秉维. 1958. 中国综合自然区划的初步草案[J]. 地理学报, 24: 348-365.

姜磊, 陈方慧, 舒畅. 2008. 仿古建筑的真实性探讨[J]. 华中建筑, 26(6): 19-20.

景可. 1985. 黄土高原侵蚀分区探讨[J]. 山地研究, 3: 161-165.

乐可敏. 2007. 我国民俗旅游原真性价值取向下的开发路径探究[D]. 上海: 华东师范大学.

李炳元, 潘保田, 程维明, 等. 2013. 中国地貌区划新论[J]. 地理学报, 68(3): 291-306.

李琳, 陈曦. 2017. 原真性保护下传统小城镇街道风貌设计研究: 以木渎古镇为例[J]. 城市规划, 41(5): 106-110.

李天依, 胡康榆, 翟辉. 2017. 文物建筑恢复重建的原真性再思: 以独克宗古城夏举岗达老宅火后重建为例[J]. 西部人居环境学刊, 32(5): 27-32.

李旭东, 张金岭. 2005. 西方旅游研究中的"真实性"理论[J]. 北京第二外国语学院学报, 27(1): 1-6.

廖仁静, 李倩, 张捷, 等. 2009. 都市历史街区真实性的游憩者感知研究: 以南京夫子庙为例[J]. 旅游学刊，24（1）：55-60.

刘爱河. 2009. 文化遗产原真性概念及其内涵演变述评[J]. 中国文物科学研究，3：8-11.

刘魁立. 2010. 非物质文化遗产的共享性本真性与人类文化多样性发展[J]. 山东社会科学，（3）：24-27.

刘仕瑶. 2013. 苗族古村落在旅游开发中的原真性价值研究[D]. 长沙：湖南大学.

刘唯佳，韩永翔，赵天良. 2014. 黄土高原黄土的成因：沙尘气溶胶源汇模拟与黄土堆积[J]. 中国环境科学，34（12）：3041-3046.

刘晓春. 2013. 文化本真性:从本质论到建构论——"遗产主义"时代的观念启蒙[J]. 民俗研究，4：34-50.

刘瑷. 2008. 文物建筑修缮方案制定中如何保持文物建筑的"真实性"[J]. 古建园林技术，1：62-63.

龙太江，黄明元. 2014. 改革开放以来城市政区更名问题研究[J]. 华中科技大学学报（社会科学版），28（2）：99-105.

卢天玲. 2007. 社区居民对九寨沟民族歌舞表演的真实性认知[J]. 旅游学刊，22（10）：89-94.

罗跃初，周忠轩，孙轶，等. 2003. 流域生态系统健康评价方法[J]. 生态学报，23（8）：1606-1614.

马炳坚. 2002. 谈谈文物古建筑的保护修缮[J]. 古建园林技术，4：58-61，64.

马凯，饶良懿. 2023. 我国土壤盐碱化问题研究脉络和热点分析[J]. 中国农业大学学报，28：90-102.

马凌. 2007. 本真性理论在旅游研究中的应用[J]. 旅游学刊，22（10）：76-81.

马晓京. 2006. 国外民族文化遗产旅游原真性问题研究述评[J]. 广西民族研究，3：185-191.

马云晋. 2019. 历史文化街区保护与利用的三个关键[J]. 人民论坛，25：50-51.

马知遥. 2010. 非遗保护中的悖论和解决之道[J]. 山东社会科学，（3）：28-33.

孟春晓. 2012. 历史街区遗产原真性的感知研究——以北京大栅栏为例[D]. 北京：北京林业大学.

孟宪红，陈昊，李照国，等. 2020. 三江源区气候变化及其环境影响研究综述[J]. 高原气象，39（6）：1133-1143.

缪璇，杨雪松. 2017. 历史建筑保护中"原真性"理论与实践的矛盾[J]. 建筑与文化，（4）：54-56.

闵庆文. 2006. 全球重要农业文化遗产：一种新的世界遗产类型[J]. 资源科学，28（4）：206-208.

欧阳志云. 2017. 我国生态系统面临的问题与对策[J]. 中国国情国力，3：5-10.

潘保田，李吉均. 1996. 青藏高原：全球气候变化的驱动机与放大器——Ⅲ. 青藏高原隆起对气候变化的影响[J]. 兰州大学学报，1：108-115.

潘运伟，杨明，刘海龙. 2014. 濒危世界遗产威胁因素分析与中国世界遗产保护对策[J]. 人文地理，29：26-34，65.

庞治国，王世岩，胡明罡. 2006. 河流生态系统健康评价及展望[J]. 中国水利水电科学研究院学报，2：151-155.

任美锷，相韧章. 1963. 从矛盾观点论中国自然区划的若干理论问题——再论中国自然区划问题[J]. 南京大学学报：自然科学版，3：12.

阮仪三，林林. 2003. 文化遗产保护的原真性原则[J]. 同济大学学报（社会科学版），14（2）：1-5.

阮仪三，孙萌. 2001. 我国历史街区保护与规划的若干问题研究[J]. 城市规划，10：25-32.

沈国栋，叶吉文，杨洋.2010. 论我国黄土地貌与水土保持[J]. 科技与生活，（4）：7.

沈仁芳，颜晓元，张甘霖，等.2020. 新时期中国土壤科学发展现状与战略思考[J]. 土壤学报，57：1051-1059.

石坚韧，陈佩杭，娄学军，等.2009. 基于原真性和最少干预原则的历史建筑修缮技术——基于宁波桂花厅保护与修复实践[J]. 建筑学报，52：89-93.

舒辉.2013. 西塘古镇原真性旅游开发研究[D]. 成都：成都理工大学.

宋友桂，于世永，朱诚.1998. 中国东部季风区末次冰期以来古气候模拟[J]. 长江流域资源与环境，7：260-266.

苏实.2008. "不求原物长存"：从圆明园重建之争小议"假古董"建筑[J]. 建筑学报，（8）：92-94.

孙静.2021. 走出"原真性"：试论人文区位学视角下的泉州文化遗产[J]. 自然与文化遗产研究，6（4）：96-101.

孙克勤，孙博.2020. 世界遗产[M]. 北京：北京大学出版社.

孙筱祥.2010. 我们应如何对待1860年英法联军，1900年八国联军毁灭人类文明的罪证 "圆明遗址公园"[J]. 中国园林，26（2）：30-34.

唐晓春，唐邦兴.1994. 我国灾害地貌及其防治研究中的几个问题[J]. 自然灾害学报，3：70-74.

陶伟，叶颖.2015. 定制化原真性：广州猎德村改造的过程及效果[J]. 城市规划，39：85-92.

田佳西.2023. 西北地区气候暖湿化演变趋势及其对植被恢复影响研究[D]. 南京：南京林业大学.

田美蓉，保继刚.2005. 游客对歌舞旅游产品真实性评判研究——以西双版纳傣族歌舞为例[J]. 桂林旅游高等专科学校学报，16：12-19.

王爱华，闵廷均，陈奉伟.2011. 除名制对贵州世界遗产保护的启示[J]. 贵州师范大学学报：社会科学版，6：71-76.

王海燕，葛建团，邢核，等.2008. 欧盟跨界流域管理对我国水环境管理的借鉴意义[J]. 长江流域资源与环境，17（6）：944-947.

王涵，赵文武，尹彩春.2023. 生态系统稳态转换检测研究进展[J]. 生态学报，43（6）：2159-2170.

王景慧，阮仪三，王林.1999. 历史文化名城保护理论与规划[M]. 上海：同济大学出版社.

王巨山.2008. 非物质文化遗产保护原则辨析：对原真性原则和整体性原则的再认识[J]. 社会科学辑刊，3：167-170.

王鲁民，段建强.2018. 质感存真：陈从周园林修复理念与城市建成遗产保护[J]. 城市规划学刊，5：114-117.

王墨晗，梅洪元.2015. 基于原真性思想的当代寒地建筑设计策略探析[J]. 建筑学报，S1：208-211.

王夏晖，何军，饶胜，等.2018. 山水林田湖草生态保护修复思路与实践[J]. 环境保护，46（3）：17-20.

王效科，冯宗炜，欧阳志云.2001. 中国森林生态系统的植物碳储量和碳密度研究[J]. 应用生态学报，12（1）：13-16.

吴刚，蔡庆华.1998. 流域生态学研究内容的整体表述[J]. 生态学报，18（6）：575-581.

吴钢，赵萌，王辰星.2019. 山水林田湖草生态保护修复的理论支撑体系研究[J]. 生态学报，39（23）：8685-8691.

吴绍贵. 2009. 我国喀斯特地貌的形成机制及分布[J]. 魅力中国, 28: 120.

吴绍洪, 杨勤业, 郑度. 2003. 中国生态地理区域系统区划[J]. 地理学报（英文版）, 13（3）: 309-315.

吴晓隽. 2004. 文化遗产旅游的真实性困境研究[J]. 思想战线, 30: 82-87.

吴兴帜. 2012. 遗产旅游与遗产真实性研究[J]. 徐州工程学院学报（社会科学版）, 27（2）: 44-48.

吴兴帜. 2016. 文化遗产的原真性研究[J]. 西南民族大学学报: 人文社会科学版, 37: 1-6.

吴忠才. 2002. 旅游活动中文化的真实性与表演性研究[J]. 旅游科学, 16（2）: 15-18.

席承藩, 张俊民. 1982. 中国土壤区划的依据与分区[J]. 土壤学报, 19（2）: 97-109, 212.

夏健, 王勇, 李广斌. 2008. 回归生活世界——历史街区生活真实性问题的探讨[J]. 城市规划学刊, 4: 99-103.

肖汉江, 雷莹. 2012. 非物质文化视角下的南海神庙历史建筑保护[J]. 华中建筑, 30（2）: 159-161.

肖佳琦. 2021. 历史建筑原真性与修复的矛盾——以应县木塔为例[J]. 建筑与文化, 10: 107-109.

肖亚平. 2016. 传统村落原真性保护研究[D]. 湘潭: 湖南科技大学.

熊瑛子. 2014. 岭南地区古村落合理开发与原真性保护的几点思考[J]. 美术教育研究, （15）: 166-167.

徐红罡, 万小娟, 范晓君. 2012. 从"原真性"实践反思中国遗产保护: 以宏村为例[J]. 人文地理, 26（1）: 107-112.

徐薛艳, 徐畅, 高峻. 2017. 基于 VEP 实验法的江南水乡古镇游客感知意象研究: 以上海枫泾古镇为例[J]. 地域研究与开发, 36（5）: 121-126.

燕乃玲, 虞孝感. 2007. 生态系统完整性研究进展[J]. 地理科学进展, 26（1）: 17-25.

杨小青. 2021. 历史文化遗产保护的原真性与政策性[J]. 中国住宅设施, 9: 67-68.

杨欣宇, 汤巧香. 2016. 浅谈古典园林修复中的原真性问题——以圆明园为例[C]. 包头: 2016年中国建筑史学会年会暨学术研讨会.

杨新海. 2005. 历史街区的基本特性及其保护原则[J]. 人文地理, 5: 54-56.

杨新海, 林林, 伍锡论, 等. 2011. 历史街区生活原真性的内涵特征和评价要素[J]. 苏州科技学院学报: 工程技术版, 24: 47-54.

杨载田. 2000. 徐霞客对我国丹霞地貌旅行考察的贡献: 纪念徐霞客逝世360周年[J]. 地理研究, 19（4）: 429-436.

杨正文. 2014. 文化遗产保护的关联话语意义解析[J]. 西南民族大学学报（人文社会科学版）, 35（7）: 1-6.

易莲红. 2017. 传统村落景观的原真性保护与活化发展研究[D]. 武汉: 武汉大学.

乐志. 2009. 从拙政园的变迁史看当代的传统园林遗产保护[C]. 南京: 陈植造园思想国际研讨会暨园林规划设计理论与实践博士生论坛.

曾国军, 李凌, 刘博, 等. 2014. 跨地方饮食文化生产中的原真性重塑——西贝西北菜在广州的案例研究[J]. 地理学报, 69: 1871-1886.

曾国军, 孙树芝. 2016. 跨地方饮食文化生产: 鲜芋仙的原真标准化过程[J]. 热带地理, 36（2）: 151-157.

张兵. 2011. 探索历史文化名城保护的中国道路——兼论"真实性"原则[J]. 城市规划，35
（A01）：49-54.

张斌，卢永毅. 2016. 辩证的真实性：徐家汇观象台修缮工程[J]. 建筑学报，11：34-37.

张朝枝. 2008. 原真性理解：旅游与遗产保护视角的演变与差异[J]. 旅游科学，22（1）：
1-8，28.

张朝枝，马凌，王晓晓，等. 2008. 符号化的"原真"与遗产地商业化：基于乌镇、周庄的案例
研究[J]. 旅游科学，22（5）：59-66.

张成渝. 2010a. 从原真性保护看圆明园遗址的功能分区展示[J]. 同济大学学报（社会科学版），
21（1）：39-45.

张成渝. 2010b. 国内外世界遗产原真性与完整性研究综述[J]. 东南文化，（4）：30-37.

张成渝. 2012. 原真性与完整性：质疑、新知与启示[J]. 东南文化，1：27-34.

张成渝，谢凝高. 2003. "真实性和完整性"原则与世界遗产保护[J]. 北京大学学报（哲学社会
科学版），40（2）：62-68.

张杰，庞骏，董卫. 2006. 悖论中的产权、制度与历史建筑保护[J]. 现代城市研究，21（10）：
10-15.

张顾，贺耀萱. 2011. 我国建筑更新思想演变历程及其发展趋势探悉[J]. 城市发展研究，18（1）：
25-30.

张泉. 2021. 关于历史文化保护三个基本概念的思路探讨[J]. 城市规划，45：57-64.

张松. 2001. 历史城市保护学导论：文化遗产和历史环境保护的一种整体性方法[M]. 上海：上
海科学技术出版社.

张闻松，宋春桥. 2022. 中国湖泊分布与变化：全国尺度遥感监测研究进展与新编目[J]. 遥感学
报，26：92-103.

张兴国，冷婕. 2005. 文物古建筑保护原则中"原真性"的认识与实践：以重庆湖广会馆修复工
程为例[J]. 重庆建筑大学学报，27（2）：1-4.

赵红梅，董培海. 2012. 回望"真实性"（authenticity）（下）——一个旅游研究的热点[J]. 旅
游学刊，27（5）：13-22.

赵晓丽，张增祥，周全斌，等. 2002. 中国土壤侵蚀现状及综合防治对策研究[J]. 水土保持学报，
16（1）：40-43，46.

赵彦伟，杨志峰. 2005. 河流健康：概念、评价方法与方向[J]. 地理科学，25（1）：119-124.

郑景云，尹云鹤，李炳元. 2010. 中国气候区划新方案[J]. 地理学报，65（1）：3-12.

郑颖，兰旭，尹秋朦. 2011. 从道路网的角度论历史街区的完整性与真实性——以天津原日租界
为例. 建筑学报，S2：76-79.

周成虎，程维明，钱金凯，等. 2009. 中国陆地1∶100万数字地貌分类体系研究[J]. 地球信息
科学学报，11：707-724.

周宏俊，刘劲飞. 2005. 圆明园保护中的真实性[J]. 建筑学报，9：78-80.

周霖，吴卫新. 2010. 浅谈传统聚落"原真性"本质与价值主体：以大研古城与束河古镇对比为
例[J]. 建筑师，2：57-62.

朱光亚. 2008. 历史遗产保护的关键词是"原真性"[J]. 建筑与文化，9：12-13.

朱环，韦达. 2014. 基于文化遗产"原真性"视角下民族古村落旅游开发探讨：以广西柳城县古
砦仫佬族滩头围村旅游开发为例[J]. 荆楚学刊，15（1）：85-88.

朱显谟. 1958. 有关黄河中游土壤侵蚀区划问题[J]. 土壤通报, 1: 1-6.

竺剡瑶, 杨路, 周晶. 2012. 困惑的"原真性"[J]. 华中建筑, 30: 20-21.

竺雅莉, 王晓鸣, 杨建军, 等. 2006. 历史街区原真性保护与历史建筑资源整合利用——以武汉市黎黄陂路历史街区为例[J]. 华中建筑, 24: 143-145.

An K G, Park S S, Shin J Y. 2002. An evaluation of a river health using the index of biological integrity along with relations to chemical and habitat conditions[J]. Environment International, 28(5): 411-420.

Boorstin D J.1992. The Image: A Guide to Pseudo-Events in America[M]. New York: Vintage.

Borrelli P, Robinson D A, Fleischer L R, et al. 2017. An assessment of the global impact of 21st century land use change on soil erosion[J]. Nature Communications, 8: 2013.

Bortolotto C. 2015. UNESCO, cultural heritage, and outstanding universal value: value-based analyses of the World Heritage and Intangible Cultural Heritage Conventions[J]. International Journal of Heritage Studies, 21(5): 528-530.

Bowen D E, Youngdahl W E. 1998. "Lean" service: in defense of a production-line approach[J]. International Journal of Service Industry Management, 9(3): 207-225.

Cohen E. 1988. Authenticity and commoditization in tourism[J]. Annals of Tourism Research, 15(3): 371-386.

Costanza R, Norton B G, Haskell B D. 1992. Ecosystem Health: New Goals for Environmental Management[M]. Washington, DC: Island Press.

Crowell M, Coulton K, Johnson C, et al. 2010. An estimate of the U.S. population living in 100-year coastal flood hazard areas[J]. Journal of Coastal Research, 262: 201-211.

Culler J. 1981. Semiotics of tourism[J]. American Journal of Semiotics, 1: 127-140.

de Vries H J. 1999. Standardization in service sectors[M]//Standardization: A Business Approach to the Role of National Standardization Organizations. Boston, MA: Springer US: 189-203.

Eco U. 1986. Travels in Hyperreality: Essays[M]. Houghton: Mifflin Harcourt.

Golomb C, Galasso L. 1995. Make believe and reality: Explorations of the imaginary realm[J]. Developmental Psychology, 31(5): 800-810.

Goodchild B. 1997. Housing and the Urban Environment: A Guide to Housing Design, Renewal, and Urban Planning[M]. Hoboken: Wiley-Blackwell.

Hering D, Borja A, Carstensen J, et al. 2010. The European Water Framework Directive at the age of 10: a critical review of the achievements with recommendations for the future[J]. Science of the Total Environment, 408(19): 4007-4019.

Hewison R. 2023.The Heritage Industry[M]. London: Routledge.

Jokilehto J. 2006. World heritage: defining the outstanding universal value[J]. City & Time, 2(2): 1-10.

Karr J R. 1991. Biological integrity: a long-neglected aspect of water resource management[J]. Ecological Applications, 1(1): 66-84.

Karr J R. 1993. Defining and assessing ecological integrity: beyond water quality[J]. Environmental Toxicology and Chemistry, 12(9): 1521-1531.

Koohafkan P, Altieri M A. 2011. Globally Important Agricultural Heritage Systems: a Legacy for the

Future[R]. Roma: Food and Agriculture Organization of the United Nations.

Labadi S. 2012. UNESCO, Cultural Heritage, and Outstanding Universal Value[M]. Walnut Creek: AltaMira Press, U. S.

Liu F, Wu H Y, Zhao Y G, et al. 2022. Mapping high resolution National Soil Information Grids of China[J]. Science Bulletin, 67(3): 328-340.

Lowenthal D. 2005. Why sanctions seldom work: reflections on cultural property internationalism[J]. International Journal of Cultural Property, 12(3): 393-423.

Lowenthal D. 2015. The Past is a Foreign Country-Revisited[M]. Cambridge, UK: Cambridge University Press.

MacCannell D. 1973. Staged authenticity: arrangements of social space in tourist settings[J]. American Journal of Sociology, 79(3): 589-603.

Reimann L, Vafeidis A T, Brown S, et al. 2018. Mediterranean UNESCO World Heritage at risk from coastal flooding and erosion due to sea-level rise[J]. Nature Communications, 9: 4161.

Roy D, Pramanik A, Banerjee S, et al. 2018. Spatio-temporal variability and source identification for metal contamination in the river sediment of Indian Sundarbans, a world heritage site[J]. Environmental Science and Pollution Research, 25(31): 31326-31345.

Sairinen R, Kumpulainen S. 2006. Assessing social impacts in urban waterfront regeneration[J]. Environmental Impact Assessment Review, 26(1): 120-135.

Samarasekara R S M, Sasaki J, Jayaratne R, et al. 2018. Historical changes in the shoreline and management of Marawila Beach, Sri Lanka, from 1980 to 2017[J]. Ocean & Coastal Management, 165: 370-384.

Santoro A, Venturi M, Bertani R, et al. 2020. A review of the role of forests and agroforestry systems in the FAO globally important agricultural heritage systems (GIAHS) programme[J]. Forests, 11(8): 860.

Schofield N J, Davies P E. 1996. Measuring the health of our rivers[J]. Water, 23: 39-43.

Shangguan W, Dai Y J, Liu B Y, et al. 2013. A China data set of soil properties for land surface modeling[J]. Journal of Advances in Modeling Earth Systems, 5(2): 212-224.

Song C Q, Fan C Y, Zhu J Y, et al. 2022. A comprehensive geospatial database of nearly 100 000 reservoirs in China[J]. Earth System Science Data, 14(9): 4017-4034.

Tao H, Song K S, Liu G, et al. 2022. A Landsat-derived annual inland water clarity dataset of China between 1984 and 2018[J]. Earth System Science Data, 14(1): 79-94.

Wang N. 1999. Rethinking authenticity in tourism experience[J]. Annals of Tourism Research, 26(2): 349-370.

Wei J, Li Z Q, Lyapustin A, et al. 2021. Reconstructing 1-km-resolution high-quality $PM_{2.5}$ data records from 2000 to 2018 in China: spatiotemporal variations and policy implications[J]. Remote Sensing of Environment, 252: 112136.

Xu L H, Gong H B, Li J L. 2015. Comprehensive suitability assessment of the coastline resources of Zhejiang Province, China[J]. Philippine Agricultural Scientist, 98(2): 224-236.

Yang J, Huang X. 2021. The 30m annual land cover and its dynamics in China from 1990 to 2019. Earth System Science Data Discussions, 13: 3907-3925.